Schnüffelspaß für Hunde

AUTORIN: KRISTINA FALKE | FOTOGRAFIN: ANGELA KRAFT

Inhalt

Schnüffeln macht Spaß

Hunde erkunden ihre Welt mit der Nase. Und sie lieben jede Beschäftigung und jedes Spiel, bei dem sie ihr Riechorgan einsetzen können. Lernen müssen sie das Schnüffeln nicht, sie sind echte »Naturtalente« – als Mensch müssen Sie Ihrem Vierbeiner lediglich klarmachen, wonach er suchen soll!

Artgerechte Beschäftigung

»Ich rieche was, was du nicht riechst.« – Könnten meine Hunde sprechen, müsste ich mir diesen Spruch wahrscheinlich täglich anhören. Kaum bin ich nämlich auf der Suche nach meinem Schlüsselbund, kommt mir einer meiner Hunde damit entgegen – er trägt ihn in der Schnauze. Ganz selbstverständlich setzen meine Vierbeiner ihre sensible Nase bei der Suche ein, egal ob es um verlorene Gegenstände oder um das Aufstöbern eines versteckten Familienmitglieds geht.

Gehirnjogging für Hunde

Positiver Nebeneffekt dieser Beschäftigung: Jeder Hund, der bewusst seine Nase einsetzt und lernt, konsequent und geduldig einer Spur nachzugehen, ist geistig ausgelastet. Findet Ihr Vierbeiner nach zwanzigminütiger Kopf- und Nasenarbeit den gesuchten Gegenstand oder eine bestimmte Person, so ist er müder als nach einem dreistündigen Spaziergang. Probieren Sie es doch einfach einmal aus! Schnüffelspiele können Sie auf all Ihren gewohnten Ausflügen machen. Auf diese Weise kommt Ihr Hund zu der Bewegung, die er für ein artgerechtes Leben benötigt, und Sie bringen Abwechslung in den Hundealltag. Wenn Sie und Ihr Hund fleißig trainieren, wird Ihr Hund eine ausgelegte Spur auch über lange Strecken verfolgen können – und das nicht im normalen Schritttempo! In seinem eigenen Arbeitstempo, meist im Trab, wird er mit der Nase auf der Spur arbeiten. Das trainiert Muskeln und kräftigt den Körper.

Durch das aktive Riechen und die Bewegung werden Kreislauf und Stoffwechsel des Hundes angeregt. Wie sehr der Hund in Anspruch genommen ist, erkennen Sie daran, dass vermehrt Speichel an seiner Schnauze und seinen Lefzen zu sehen ist.

Als Team unschlagbar

Spezialisten unter den Hunden stellen jeden Tag ihre Nase in den Dienst des Menschen. Sie riechen Drogen und Brandbeschleuniger, sie finden Menschen in Lawinen ebenso wie in von Erdbeben zerstörten Gebäuden oder auf Trümmerfeldern und unterstützen Jäger oder Hirten bei der Suche nach verletzten bzw. verirrten Wildtieren oder Schafen. Polizeidiensthunde verfolgen menschliche Trittspuren und lokalisieren beispielsweise geistig verwirrte Menschen, die von allein nicht mehr nach Hause finden. Hunde werden mittlerweile sogar in der medizinischen Präventionsarbeit eingesetzt,

um frühzeitig Blasenkrebs, die Anfänge der Zuckerkrankheit oder einen bevorstehenden Epilepsieanfall bei einem Menschen zu erschnüffeln. Sogar die gesundheitsgefährdende Schimmelbildung in Wohnräumen können sie orten.

Freizeitspaß für Mensch und Hund

Doch glauben Sie jetzt nicht, dass ich Sie und Ihren Hund zu einem Diensthundeteam machen möchte! Vielmehr möchte ich Ihnen eine Einführung in die Schnüffelarbeit geben, damit Sie Freude mit Ihrem Vierbeiner haben und Ihr tierischer Freund beschäftigt ist. Nur geistig und körperlich ausgelastete Hunde sind nämlich auch zufriedene und glückliche Hunde. Und Schnüffelarbeit beansprucht nicht nur die Nase, sondern den ganzen Organismus. Folgendes steht bei diesem Freizeitspaß für Sie beide im Vordergrund:

> Schnüffeln soll Hund und Besitzer Spaß machen! Ihr Hund lernt, den von Ihnen vorgegebenen Spuren zu folgen, er kann sich besser konzentrieren und ist aufmerksamer. Vertrauen und Bindung zwischen Ihnen und Ihrem Hund werden stark gefördert. Sie werden die Zeit genießen, die sie zu zweit zusammen verbringen.

> Sie werden viel über Ihren Teampartner erfahren. Unter anderem lernen Sie, genauer hinzusehen und darauf zu achten, was Ihr Vierbeiner Ihnen im wahrsten Sinne des Wortes anzeigt, das heißt mitteilen

Zum erfolgreichen Schnüffeln muss Ihr Hund keiner bestimmten Rasse angehören. Auch Hütehunde finden viel Spaß daran.

will. Sie lernen seine Sprache und erfahren, dass Sie sich auf seine Nase verlassen können. Sie werden überrascht sein, wozu Ihr Hund fähig ist!

› Sie haben ein Ziel, das Sie nur als Team erreichen. Bei dieser gemeinsamen Arbeit kann der Hund sich hundertprozentig auf seinen Job konzentrieren, das Interesse an unerwünschten Verhaltensweisen wie etwa unkontrolliertes Stöbern im Wald wird umgelenkt. Und das Schöne ist: Am Ende jedes Schnüffelspiels gibt es eine Belohnung!

Wie arbeitet der Hund?

Ihren Geruchssinn setzen die Hunde bei der Nasenarbeit auf zwei unterschiedliche Arten ein, die ich hier nur kurz vorstellen möchte. Finden Sie für sich selbst heraus, welche Suchart Ihrem Hund am besten gefällt und was ihm am besten liegt. Der Spaß sollte dabei im Vordergrund stehen.

Tracking Bei der Fährtenarbeit verfolgt der Hund ausschließlich Bodenverletzungen. Diese entstehen, wenn jemand den »Boden verletzt« hat, indem er darauf getreten ist oder beispielsweise eine Schubkarre die Grashalme beschädigt hat. Der Hund folgt keinem bestimmten Geruchsstoff, sondern der Mischung aus Bakterien, Pflanzen und vielen Erdorganismen, die auf der Spur liegt.

Mantrailing Beim Mantrailing lernt der Hund, Personen zu suchen, indem er deren individuelle Geruchspartikel sucht. Trotz vieler Menschenspuren kann der Hund auf einer bestimmten Spur bleiben und ihr folgen. Mantrailing kommt aus dem Englischen, wobei »Man« für Mensch und »Trail« für Weg oder Fährte steht.

Der Hund setzt beim Mantrailing die Nase übrigens nicht nur am Boden ein, da die Duftspur auch an Hecken hängen bleiben oder sich in Nischen oder Mauern verfangen kann.

Das Schnüffeln bedeutet körperliche und geistige Anstrengung für den Hund. Nach der Nasenarbeit fühlt er sich müde und ausgeglichen.

Herausforderung für **Jagdhunde**

Sie haben einen Jagdhund und befürchten, dass er sich lieber seiner Jagdleidenschaft hingibt als Ihren Fährten zu folgen? Die Erfahrung zeigt, dass Schnüffelspiele gerade für solche Hunde eine hervorragende Beschäftigung sind.

IM EINWIRKUNGSBEREICH Abgesichert durch eine Schleppleine kann Ihr Hund nicht davonlaufen, mit der Stimme können Sie Einfluss auf Ihren Vierbeiner nehmen. Zu jedem Zeitpunkt können Sie seinen Grundgehorsam überprüfen und feststellen, wo noch Übungsbedarf besteht.

PERFEKTE AUSLASTUNG Der Hund wird durchs Schnüffeln kontrolliert ausgelastet und löst gemeinsam mit Ihnen eine Aufgabe: Ein Reh wird da gerne links liegen gelassen.

Die Nase macht's

Hunde nehmen ihre Umwelt größtenteils mit der Nase wahr. Da verwundert es nicht, dass sie um ein Vielfaches – man sagt sogar millionenfach – besser riechen als wir. Das liegt vor allem an der Anzahl der Sinneszellen: In der menschlichen Nase finden sich etwa 10 Millionen Riechzellen, in der Hundenase dagegen etwa 220 Millionen.

Das macht einen guten Riecher

Gelangen Geruchsmoleküle in die Nase, so werden sie an Andockstellen auf der Schleimhaut gebunden. Die Geruchsinformation wird dann in Form von elektrischen Impulsen über die Riechnerven zum Hirn weitergeleitet und dort in einem »Riechzentrum« verarbeitet. In diesem Zentrum sind alle vorherigen Dufterfahrungen gespeichert, neu eintreffende Düfte werden mit bereits vorhandenen Informationen verglichen und identifiziert. Riechen ist für die Hunde also auch Erfahrungssache und mit einem gewissen Lernprozess verbunden. Ob und wie stark ein Hund einen Geruch wahrnimmt, ist von mehreren Faktoren abhängig:

Nasenlänge Hunde mit kurzen Schnauzen riechen in der Regel etwas schlechter als Vierbeiner mit längeren Schnauzen. Aber auch ein kurznasiger Boxer übertrifft das Vermögen eines menschlichen Riechorgans um ein Mehrfaches.

Technik Um möglichst viele Geruchsmoleküle aufzunehmen, atmen Hunde beim Schnüffeln 300- bis 500-mal pro Minute ein. Dieses stoßweise Schnüffeln setzt der Hund ein, um die Gewöhnung an einen Geruch zu vermeiden. Diesen Effekt kennen Sie wahrscheinlich: Betritt man eine fremde Wohnung, so bemerken wir einen Individualgeruch. Halten wir uns länger in der Wohnung auf, so gewöhnen wir uns daran und können diesen Geruch nicht mehr wahrnehmen. Eine solche Gewöhnung vermeidet der Hund durch seine Schnüffeltechnik.

Motivation Wie wichtig ein Geruch für den Hund ist, hängt davon ab, wie (lebens-)notwendig dieser Duft für ihn ist. Testen Sie einfach einmal: Ihr Hund wird sicherlich schneller bei Ihnen sein, wenn Sie Fleisch in der Hand halten als einen Kopfsalat. Ist der Hund hungrig und sucht nach etwas Fressbarem, fallen ihm Essensgerüche eher auf.

Erfahrung Hat der Hund bisher positive oder negative Erfahrungen mit einem ganz bestimmten Geruch gemacht? Riecht Ihr Hund Schinken, ist dieser Geruch positiv belegt, da er aus der Vergangenheit

Gibt's hinterher ein Leckerchen, macht Ihrem Hund die Arbeit doppelt so viel Spaß.

gelernt hat, dass er gut schmeckt. Riecht der Hund etwa an einem Schlüssel, ist dieser Geruch eher neutral für ihn. Er hat bisher keine Bedeutung.

Räumliches Riechen

Eine weitere Besonderheit der Hundenase ist ihre Fähigkeit, »stereo« zu riechen: Beim Einatmen verarbeitet das Hirn die durch die Nasenhöhlen aufgenommenen Geruchspartikel unabhängig voneinander – Ihr Vierbeiner kann also synchron atmen, die aufgenommenen Geruchsmoleküle aber getrennt auswerten. Auf diese Weise können unsere Vierbeiner die Laufrichtung einer Spur erkennen und eine neue von einer alten Fährte unterscheiden.

Sie sehen: Das sinnliche Riechvermögen ist beim Hund sehr stark ausgeprägt. Zehn Prozent des Hundehirns werden deshalb auch fürs Riechen beansprucht, beim Mensch ist es nur ein Prozent. Und damit Sie eine bildliche Vorstellung von der unterschiedlichen Größe des Riechzentrums haben: Das des Hundes entspricht einer DIN-A5-Seite, das des Menschen nur einer kleinen Briefmarke.

Schnüffeln – nicht nur mit der Nase

Hunde haben ein weiteres Organ, um Gerüche zu analysieren, das sogenannte Jacobson'sche Organ. Dieses Organ beginnt als kleiner Kanal hinter den Schneidezähnen im Gaumen und verläuft dann auf dem Nasenboden. Hier befinden sich Riechzellen, die nicht mit dem Großhirn, sondern direkt mit dem limbischen System verbunden sind. Das sogenannte Ur-Hirn ist für die Aufnahme von Geruchsreizen aus der Nahrung sowie von Sexuallockstoffen verantwortlich. Auch Triebverhalten und Hormonbildung sind im limbischen System verankert. Für den Hund bedeutet das, dass bestimmte Verhaltensweisen ausgelöst werden, wenn er einen speziellen Duft

1 Hilft die Nase allein nicht weiter, kann der Hund sich auf sein ausgezeichnetes Hörvermögen verlassen, das über die menschliche Frequenz hinausreicht.

2 Je länger die Schnauze, desto besser ist auch die Riechleistung, da mehr Riechzellen auf den Schleimhäuten im Naseninneren Platz finden.

3 Hunde nehmen Bewegungen besser als Menschen wahr. Also aufgepasst, dass Ihr Hund Sie beim Verstecken erschnüffelt und nicht gleich sieht.

identifiziert. Die Aussage »Ich kann dich nicht riechen ...« bekommt so eine ganz neue Bedeutung: Wir Menschen entscheiden angeblich auch über den Geruch, ob wir jemanden mögen oder nicht. Da sich das Jacobson'sche Organ beim Menschen aber nach der Embryonalzeit zurückbildet, erleben wir diese Fähigkeit nicht bewusst. Aber ganz ehrlich: Ich bin ganz froh, nicht alles riechen zu müssen, was meine Hunde riechen können.

Die Geruchswelt des Hundes

Der Hund ist zu einer sensationell guten Riechleistung fähig (→ Seite 8/9). Doch wozu benötigt er dieses ausgeprägte Riechvermögen?

› Die gute Hundenase ist ein Erbstück von seinem Vorfahr, dem Wolf. Wie dieser erriecht der Hund seinen »Alltag«. Die Nase ist für ihn überlebensnotwendig, um Nahrung, Beutetiere und Wasser zu erschnüffeln. Letztendlich löst sie im Hirn die Handlungskette zum Jagen aus.

› Für die Fortpflanzung ist die Nase ebenfalls lebenswichtig, denn der Hund erkennt einen Sexualpartner am Geruch. Denken Sie nur einmal an das Verhalten eines Rüden, wenn eine Hündin im Umkreis läufig wird. Obwohl er diese vielleicht nicht einmal sehen kann, riecht er sie häufig bis ins benachbarte Dorf – und leidet.

› Der Riecher dient ganz allgemein dazu, Hunde, Menschen und andere Lebewesen erkennen zu können. Jedes Individuum besitzt einen Individualgeruch, der einmalig ist und an dem ein Hund einen Menschen oder einen Artgenossen identifizieren kann. Dieser Geruch setzt sich aus verschiedenen Komponenten zusammen, etwa Hormonen, Schweiß, Hautzellen, Kleiderfasern, Körperpflegemitteln und Bakterien. Aus all diesen Informationen kann der Hund Schlüsse zu Alter, Geschlecht, Stimmung, sozialem Rang und Lebensbedingungen des Gegenübers ziehen.

Der Individualgeruch hat nichts mit dem alltäglichen Körpergeruch zu tun, der durch hygienische Maßnahmen wie Baden verändert werden kann.

Wie entsteht eine Geruchsfährte?

Jedes Lebewesen besteht aus Billionen von Zellen, die ständig erneuert werden. In der Minute verliert ein Mensch beispielsweise etwa 40 000 abgestorbene Hautzellen, die ihn wie eine kugelförmige Wolke umgeben. Setzen Sie sich nun in Bewegung, verfolgt Sie Ihre Wolke wie ein Schatten.

Mit geschlossenen Augen und hoch erhobener Nase erschnüffelt sich dieser Hund seine Welt.

In Ihrer Wohnung gibt es viele gute Plätze, an denen Sie einen Suchgegenstand verstecken können. So ist auch ein Regentag spannend!

Bleiben Sie kreativ und variieren Sie die Verstecke je nach Können und Durchhaltevermögen des Hundes. Das fordert den Vierbeiner!

Die abgestoßenen Körperzellen werden schon nach kurzer Zeit am Boden von Bakterien besiedelt und dienen ihnen als Nahrung. Allein schon durch die Tatsache, dass die körpereigenen Bakterien tote Hautzellen zersetzen, entsteht ein Gas, das bei jedem Lebewesen einmalig ist.

Wie verhält sich Geruch?

Untersuchungen haben ergeben, dass es zwei Arten von Hautzellen gibt. Die einen sind relativ leicht und windanfällig. Sobald sie den Körper verlassen, steigen sie mit dem sie umgebenden Wärmestrom etwa 40 Zentimeter nach oben und fallen dann wieder Richtung Boden hinab. Diese Hautzellen sind nicht sehr langlebig und hören relativ rasch auf, Gerüche abzugeben. Sie sind aber der Grund, dass gerade erfahrene Hunde oft mit erhobener Nase nach den noch ganz frischen Partikeln schnüffeln und nicht am Boden suchen. Andere Hautpartikel sind schwerer und kleben aneinander, sodass sie schnell zu Boden sinken.

Diese Partikel sucht der Hund vor allem mit tiefer Nase und verfolgt ihren Verlauf auf dem Untergrund. Aufgrund ihrer optischen Struktur werden diese Partikel gerne als »Cornflakes« bezeichnet. Diese zweite Hautzellenart ist größer, dadurch haben die Bakterien auch länger Nahrung und damit länger Zeit, einen Geruch zu bilden. Wie schnell die Bakterien arbeiten, ist von den äußeren Bedingungen, vor allem Temperatur und Feuchtigkeit, abhängig: Bakterien arbeiten in einem Bereich zwischen 5 und 37 °C mehr oder weniger stark. Ist es dagegen sehr heiß oder sehr kalt, so stellen die Bakterien ihren Stoffwechsel ein, damit findet auch keine Geruchsproduktion mehr statt, die der Hund mit seiner Nase aufnehmen kann.

Wir sehen also: Ein bestimmter Geruch nimmt nicht mit der Zeit kontinuierlich ab, sondern er entwickelt sich in Abhängigkeit von den Witterungsbedingungen. Um zu erkennen, ob der Hund auf der Spur ist, ist es für Sie wichtig, das Zusammenspiel von Umweltbedingungen und Wetter zu kennen.

Die äußeren Rahmenbedingungen

Wer einen Hund hat, der weiß Bescheid: Der Hund muss bei jedem Wetter raus. Egal, ob die Sonne scheint oder ob der Regen wie aus Eimern herabströmt. Doch während die körperliche Bewegung durch die äußeren Bedingungen in den wenigsten Fällen beeinträchtigt wird, haben Lichtverhältnisse, Temperatur, Luftdruck, Wind und Bodenbeschaffenheit großen Einfluss auf das Schnüffelvermögen unseres Vierbeiners. Es gibt sozusagen gute und schlechte Tage für die Schnüffelarbeit.

Und nun zum Wetter …

› Bei heißem und trockenem Wetter steigen mehr Geruchspartikel mit dem Luftstrom nach oben. Das bedeutet, dass Ihr Hund vermehrt mit höherer Nase suchen wird, da eine frische Spur noch in der Luft

zirkulieren könnte. Bei einer Temperatur von 37 °C arbeiten die Bakterien am effektivsten und stellen die meisten Geruchsgase her, allerdings ist die »Nahrung« dann auch relativ schnell abgebaut. Variiert die Temperatur für die Bakterien, verändert sich deren Stoffwechselrate, der Geruch ist nicht so stark ausgeprägt. Hitze und Trockenheit können auch für den Hund zur körperlichen Belastung werden: Die Riechschleimhäute trocknen rasch aus – auch wir Menschen riechen bei Hitze schlechter. Besonders im Frühsommer können sich auch noch Pollen erschwerend bemerkbar machen: Der Hund atmet sie ein, und sie belegen seine Nase.

› An kühleren Tagen sinken die Duftpartikel meist schneller zu Boden. Unter solchen Bedingungen wird der Hund seine Nase tiefer halten, da die Duftspur am Boden ausgeprägter ist.

› Feuchtigkeit, Regen und Tau bilden die optimalen Voraussetzungen zum Schnüffeln. Hautpartikel werden durch Feuchtigkeit quasi konserviert und bieten den Bakterien dadurch die besseren »Arbeitsbedingungen«. Die Bakterienaktivität ist sehr hoch, die Geruchsspur gut lesbar. In den Morgen- oder Abendstunden wird Ihr Hund deshalb bei der Suche wahrscheinlich erfolgreicher sein als in der sommerlichen Mittagshitze.

› Bei Starkregen werden die Geruchspartikel weggeschwemmt, und die Spur verflüchtigt sich. Das erschwert die Suche für Ihren Hund.

› Trockener Schnee, der auf eine Schnüffelspur fällt, kann konservierend wirken! Die Geruchspartikel werden nämlich nicht vom Wind verweht, sondern bleiben in den Luftkammern des Schnees an ihrem Platz gefangen.

Schlechtes Wetter gibt es nicht für Hunde. Und mit der geeigneten Schutzkleidung wird auch Ihnen als Besitzer der Regen nichts ausmachen.

> Bei Gegenwind können Sie Ihren Hund dabei beobachten, wie er seine Nase in die Luft hält, da sich die Duftspur gegen die Laufrichtung nach hinten ausbreitet. Ist es zu windig oder tritt der Wind in Böen auf, so werden die Geruchspartikel sehr stark verwirbelt. In diesem Fall sollten Sie gerade zu Anfang des Trainings die Schnüffelarbeit zu einem anderen Zeitpunkt fortsetzen, Ihr Hund ist sonst zu stark verwirrt, weil die Spur unlesbar geworden ist. Reagiert Ihr Hund bei der Suche irritiert, so sollten Sie während der Arbeit durchaus auch einmal die Windrichtung überprüfen, damit Sie nachvollziehen können, ob Ihr Hund bei der Fährtensuche richtig liegt. Am besten schaffen Sie das, indem Sie den angefeuchteten Zeigefinger in den Wind halten oder ein Grasbüschel in die Luft werfen und dann beobachten, in welche Richtung es durch die Luft getragen wird.

> Seitenwind bewirkt, dass der Hund nicht auf der gelegten Spur, sondern etwas daneben sucht.

Jeder Boden ist anders

Auch die Art des Geländes, auf dem Ihr Hund sucht, hat Einfluss auf die Qualität der Fährte: Geruchspartikel können sich hervorragend in Gräsern und unruhigeren Untergründen festsetzen und intensivieren somit den Geruch stärker als glatte Oberflächen wie etwa Asphalt. Auf diesen Untergründen verteilen sich die Partikel weit, bis sie an einem Gegenstand zum Stoppen kommen. Denken Sie auch daran, dass gerade Asphalt und Teer bei großer Hitze einen starken Eigengeruch entfalten, der alle eventuell vorhandenen Spuren übertrifft.
Alte Spuren riechen für Hunde übrigens anders als frisch gelegte, denn mit der Zeit wird der Geruch weniger und die Geruchspartikel verflüchtigen sich und sinken zu Boden.

Die Windrichtung hat Einfluss auf das Suchverhalten Ihres Vierbeiners. Woher er weht, können Sie bei langhaarigen Hunden am Fell erkennen.

Voneinander lernen

Sie sehen, dass viele Faktoren für den Erfolg einer Suche eine Rolle spielen – und ich habe hier nur an der Oberfläche gekratzt. Dennoch möchte ich Sie dazu motivieren, die Suche Ihres Hundes nicht nur zu beobachten und zu loben, wenn er das Gesuchte gefunden hat. Sie sollten im Gegenteil versuchen, seine Wege zu verstehen und seine Körpersprache zu lernen. Ein erfahrener Hundeführer kann auf diese Weise interpretieren, ob der Hund unsicher ist oder nicht– »lesen« nennt man das in der Fachsprache.
Sie erfahren viel über Ihren Hund, wenn Sie ihn etwa unter den gleichen Wetterbedingungen bei unterschiedlichen Bodenverhältnissen suchen lassen. Es kann für Sie auch aufschlussreich sein, sich bei der Arbeit mit dem Hund filmen zu lassen und diese Aufnahmen dann hinterher zu analysieren.

Gemeinsam stark

Hunde sind sensible Lebewesen, die nur in einer sozialen Gemeinschaft existieren können. Bei artgerechter Erziehung ordnen sie sich problemlos ein, bauen eine enge Bindung zu »ihrem« Menschen auf und schenken ihm ihr absolutes Vertrauen. Wollen Sie mit Ihrem Vierbeiner erfolgreich

Das Kommando »Sitz« ist nicht nur bei der Schnüffelarbeit sinnvoll. Ihr Hund sollte dieses Signal kennen und auch zuverlässig ausführen!

Schnüffelspiele machen, so sollten Sie zu einer positiven Grundstimmung beim Üben und den richtigen Rahmenbedingungen beitragen.

› Ihr Hund hat großes Talent, Ihre Stimmung wahrzunehmen. Vermitteln Sie ihm selbstbewusst, dass Sie die Trainingssituation immer unter Kontrolle haben und dass Sie die Regeln des Spiels bestimmen. Strahlen Sie selbst aus, dass Schnüffeln Spaß macht. Diese gute Laune überträgt sich auf Ihren Hund, und die Erfolgsquote steigt.

› Haben Sie einen arbeitsreichen Tag hinter sich, sind Sie gestresst und fehlt Ihnen die Motivation, mit dem Hund zu trainieren? Dann verschieben Sie die Schnüffeleinheit lieber auf den nächsten Tag – auch negative Stimmung wird umgehend auf den Hund übertragen. Unter solchen Voraussetzungen fehlt Ihnen die notwendige Geduld beim Training, und Sie würden sich über Fehler Ihres Hundes schneller aufregen, was diesen verunsichern würde.

› Achten Sie darauf, dass Ihre gute Motivation nicht zu einem übermäßigen Leistungsdruck für den Hund führt. Oft vergleicht man den eigenen Hund mit anderen Artgenossen, und natürlich möchte man gern seinen Hund als besten Schnüffler erleben. Erinnern Sie sich immer daran, warum Sie mit dem Schnüffeln angefangen haben: Sie wollten Ihren vierbeinigen Gefährten artgerecht und mit Spaß beschäftigen.

› Stellen Sie Regeln für sich und Ihren Hund auf: Trainieren Sie jeden Tag nur in kleinen Einheiten, die die Dauer von zehn Minuten nicht überschreiten sollten. Je nach Aufnahmefähigkeit und Motivation des Hundes sind nicht mehr als zwei bis drei Einheiten täglich möglich. Beschließen Sie die Trainingseinheit immer mit einem Erfolgserlebnis. Der Hund wird durch Spielen, Leckerchen oder Ähnliches gelobt. Hören Sie auf, wenn es am schönsten ist und am besten klappt. So fördern Sie die Bindung zwischen sich und Ihrem Hund und Sie werden bald ein gutes Team sein.

Was Ihr Hund können sollte

Das Schnüffeln müssen Sie wie gesagt Ihrem Hund nicht beibringen – das kann er von allein. Doch Schnüffelspiele gestalten sich für Sie und Ihren Hund angenehmer, wenn er einen gewissen Grundgehorsam besitzt und Befehle wie »Sitz« oder die »Bei-Fuß-Stellung« für ihn nicht ungewohnt sind.

Ein neues Signal: »Schnüffel!«

Fürs Schnüffeln wird zusätzlich ein neues Arbeitssignal eingeführt. Bei mir heißt das einfach »Schnüffel« – das ist ein nettes Wort, das im täglichen Sprachgebrauch kaum oder gar nicht vorkommt. Dadurch kann sich der Hund nicht aufgefordert fühlen, wenn das Signalwort durch Zufall in einem anderen Zusammenhang gebraucht wird. Die genaue Einführung des Wortes wird später in einem Praxisbeispiel erläutert (→ Seite 26).

Knuddel- und Spaßeinheiten dürfen nicht zu kurz kommen. Zeigen Sie Ihrem Hund in kleinen Arbeitspausen, wie gern Sie ihn haben.

Was »Nöö-nöö« vermitteln soll

Während des Schnüffelns sollte Ihr Hund bestmöglich motiviert sein. Das fördern Sie, wenn Sie ohne einen Handlungsabbruch arbeiten. Sie sollten deshalb nicht mit dem Kommando »Nein« arbeiten, wenn der Hund etwas falsch macht, etwa auf der falschen Fährte ist. Gerade am Anfang, wenn der Hund seine Aufgabe noch nicht richtig verstanden hat, würde ihn ein Handlungsabbruch demotivieren und verunsichern. Im schlimmsten Fall würde er das Schnüffeln meiden. Was also tun, wenn Ihr Hund mitten bei der Suche nach der Käsedose die Verfolgung einer frischen Rehspur aufnimmt? Den Hund haben Sie zwar an der Leine und damit unter Kontrolle. Ein scharfer Handlungsabbruch in Form eines »Nein« würde aber das abbrechen, was der Hund tun soll: das Schnüffeln. Sprich, der Hund könnte das »Nein« auf das Riechen beziehen, Sie würden eine Fehlverknüpfung von Befehl und Handlung fördern. Um dem Hund mitzuteilen, dass er auf der falschen Spur ist, habe ich daher das »Nöö-nö« eingeführt. Da es lustig klingt, kann man es nicht streng aussprechen. Trotzdem ist es eine Mitteilung an den Hund, dass er etwas falsch macht, vom Grundprinzip aber auf dem richtigen Weg ist. Mit dem »Nöö« gebe ich also einen Hinweis, nehme ihm aber nicht die Motivation. Setzen Sie das »Nöö-nöö« in dem Augenblick ein, wenn Ihr Hund die richtige Fährte verloren hat und nicht zurückfindet. Bleiben Sie stehen, um ihn bezüglich der Spur nicht zu manipulieren. Durch Ihren Stimmeinsatz erinnern Sie ihn an seine Aufgabe. Geben Sie ihm die Chance, allein auf die Spur zu kommen. Verliert er sie ganz, setzen Sie ihn neu an, indem Sie ihn auf die Spur führen und ihn ein weiteres Mal das Geruchsmuster schnüffeln lassen.

Sinnvolle Hilfsmittel

Geschirr

Trägt der Hund Such-
geschirr und Schlepp-
leine, so ist »Schnüffelzeit«. Ab
jetzt darf der Hund das Tempo bestimmen,
und die Leine darf auch spannen. Achten Sie
auf einen bequemen Sitz des Geschirrs, damit es nicht zu Druckstellen kommt. Um
Verbrennungen an Ihren Händen zu
vermeiden, sollten Sie Handschuhe tragen.

Wäsche-
klammern

Mit ihrer Hilfe können Sie sich
den Weg durch einen Helfer markieren lassen, wenn Sie nicht
sicher sind, wohin Ihr Hund Sie
führt. Legen Sie vorab Farben
für bestimmte Richtun-
gen fest.

Wasser

Eine mit Wasser
gefüllte Flasche und
ein leichter Napf sollten
bei Ihren Schnüffeltouren immer
mit dabei sein. Da Körper und Kopf
des Hundes auf Hochtouren arbeiten, hat er auch einen hohen
Flüssigkeitsbedarf.

Sicherheit

Haben Sie erst einmal Routine im Schnüffeln, werden die Wege länger und die Strecken immer abenteuerlicher. Machen Sie sich und Ihren Hund in der Dunkelheit gut erkennbar, damit andere Sie wahrnehmen können. Eine Warnweste mit Reflektoren sollten Sie immer tragen, wenn Sie in der Dämmerung unterwegs sind. Auch für Hunde gibt es inzwischen solche Westen in hellen Farben, daneben sind batteriebetriebene Leuchthalsbänder und reflektierende Geschirre äußerst sinnvoll.

Belohnung

Lob muss sein! Wie dieses Lob aussehen kann, ist unterschiedlich. Viele Hunde stehen auf Leckerchen, auch in kleine Teile geschnitten zeigen sie große Wirkung. Allein ihr Geruch lässt die innere Motivation des Hundes steigen. Ihr Hund ist ein Kostverächter? Dann belohnen Sie ihn stattdessen mit einem kleinen Spiel!

Dose und Bringsel

Ihr Hund sollte den Duft des Geruchsmusters erschnüffeln, aber sich nicht selbst belohnen können. Erst nach der korrekten Anzeige, etwa durch das Bringsel, ist ein Leckerchen fällig. Und dieses verabreichen Sie, verbunden mit Wortlob!

Hat Ihr Hund den richtigen Riecher?

Jeder Hund kann schnüffeln! Schnüffelspiele sind nicht von Rasse, Körpergröße oder Alter abhängig. Junge Hunde, sogar Welpen, können ihre Nase ebenso bewusst einsetzen wie die Seniorenliga. Behalten Sie nur im Hinterkopf, dass Schnüffeln geistige Schwerstarbeit für den Hund bedeutet und er sich nur relativ kurz konzentrieren kann. Beginnen Sie ein Training mit Welpen oder Senioren, reichen fünf Minuten pro Übung, und es sollten nicht mehr als zwei Einheiten pro Tag sein.

Zeig's mir ...

Bei der Schnüffelarbeit müssen Sie natürlich auch mit Ihrem Hund kommunizieren. Vor allem sollte er Ihnen auf irgendeine Weise mitteilen, wenn er den gesuchten Gegenstand gefunden hat. Das kann er auf unterschiedliche Weise tun:

Natürliche Anzeige Es gibt ein Anzeigeverhalten des Hundes, das sich aus dem Jagdverhalten der Wölfe ableiten lässt: Jagdhunde pirschen sich dabei an die Beute heran, verharren bei Sichtung und

Ob groß oder klein, ob dick oder dünn: Eine Nase besitzen alle Hunde, und damit die Voraussetzung zum Schnüffeln. Durch gezieltes Training können Sie diese Veranlagung bei jedem Hund fördern.

1 APPORTIEREN Dieser Hund zeigt durch das Bringsel im Maul an, dass er das Suchobjekt gefunden hat. Jetzt führt er den Besitzer dorthin.

2 PASSIVE ANZEIGE Ihr Hund kann Suchobjekte durch »Platz«, »Steh« oder durch das »Sitz« anzeigen. Der Hund verharrt so, bis er belohnt wird.

3 BELLEN Diese Anzeigeart ist im Freilauf sinnvoll, denn Sie können Ihren vierbeinigen Freund über weite Strecken hören und lokalisieren.

heben eine Pfote – vorstehen nennt man das. Ohne Lautäußerungen zeigt der Hund an. Insofern clever, da die Beute nicht gewarnt ist und nicht fliehen kann. Für Sie hat dieses Anzeigeverhalten den Vorteil, dass es gut erkennbar ist, allerdings müssen Sie ständig Sichtkontakt zum Hund haben. Für den Hund ist diese Art der Anzeige unkompliziert, auch wenn er aufgeregt ist und in der Umgebung Ablenkungspotenzial vorhanden ist, da es sich um ein angeborenes Verhalten handelt. Er wird daher den Gegenstand automatisch anzeigen.

Passive Anzeige Zeigt Ihr Hund das Vorstehen nicht, haben Sie die Möglichkeit, ihm »Sitz«, »Platz« oder »Steh« als Anzeige beizubringen. Üben Sie in ruhiger Umgebung daheim. Präparieren Sie eine Dose mit Leckerchen. Verschließen Sie diese so, dass der Hund den Leckerbissen riecht, von allein aber nicht dran kann. Legen Sie die Dose vor sich auf den Boden. Angezogen durch den Geruch wird der Hund Richtung Dose gehen. Ist er nah genug dran und berührt er etwa mit der Nase den Gegenstand, sagen Sie »Sitz«. Setzt er sich, gehen Sie hin, loben ihn, öffnen die Dose und geben ihm etwas

daraus. Wiederholen Sie diese Übung die ersten Tage bis zu zehnmal, dann machen Sie eine Pause und versuchen es später noch einmal. So gewöhnt sich der Hund an das Schema: Er setzt sich, sobald er an der Dose ankommt. Der Prozess hat sich automatisiert. Sind Sie an diesem Punkt angelangt, wird es Zeit, das Signal »Sitz«, das Sie bis jetzt noch geben, in den Hintergrund treten zu lassen. Das geschieht, indem Sie es immer leiser sagen, bis Sie es irgendwann ganz weglassen können.

Vergrößern Sie die Strecken, auf denen der Hund die Dose suchen soll. Die Anzeige findet aber immer direkt vor der Dose statt. Hat der Hund diese Anzeigeart verstanden, nehmen Sie die Leckerbissen nicht mehr aus der Dose, sondern aus Ihrer Hosentasche und belohnen ihn damit. Schließlich soll er ja irgendwann auch Gegenstände finden, die er nicht unmittelbar danach als Belohnung fressen darf, etwa Ihr Handy.

Hat Ihr Hund nach vielen Wiederholungen und viel Üben das Anzeigen durch »Sitz« in der Wohnung verstanden, so heißt das noch lange nicht, dass das auch draußen immer problemlos klappt.

Zum einen ist der Hund draußen abgelenkt, zum anderen lernt er kontextbezogen. Haben Sie ihn bis jetzt etwa immer nur auf einem Teppich anzeigen lassen, wird er diesen im Wald »vermissen« und die Anzeige erst einmal »verweigern«. Der Hund muss erst lernen, diese Anzeige zu generalisieren. Üben Sie deshalb mit ihm an ganz unterschiedlichen Lokalitäten.

Aktive Anzeige Alternativ zur passiven Anzeige sind verschiedene Formen der aktiven Anzeige möglich. Diese können durch Lautäußerungen wie Knurren, Bellen oder Scharren erfolgen. Der Vorteil von Lautäußerungen besteht für Sie darin, dass Sie den Hund auch in der Freisuche, also ohne Leine, über größere Entfernungen hören können und da-

mit wissen, wo der Hund steckt. Bellen als Anzeigeverhalten hat für Sie allerdings den Nachteil, dass Sie es nur schwer unter Kontrolle bekommen, denn Sie müssen Ihrem Vierbeiner das bewusste Bellen beibringen. Die meisten Hundebesitzer sind allerdings froh, wenn ihr Hund nicht bellt und damit die ganze Nachbarschaft ärgert. Sie müssen dem Hund verständlich machen, wann Bellen erwünscht ist und er ein Leckerchen dafür bekommt und wann Sie beim Bellen mit einem energischen »Nein« reagieren. Der Hund wird diese vermeintliche (Un-)logik schwer nachvollziehen können.

Noch weitere Schwierigkeiten sind mit dem Bellen als Anzeigeform verbunden: Ihr Hund muss so lange bellen, bis Sie ihn gefunden haben. Das kann, abhängig von Herrchens oder Frauchens Orientierungsvermögen und der Entfernung zum Hund, etwas länger dauern.

Bringsel Trägt Ihr Hund für sein Leben gern etwas herum, so nutzen Sie dieses angeborene Verhalten aus und veranlassen ihn dazu, die Beute zu Ihnen zu bringen. Soll er nicht direkt das gesuchte Objekt bringen, befestigen Sie einen kleinen Gegenstand – in der Fachsprache heißt er Bringsel – an seinem Suchgeschirr. Diesen löst er selbst davon ab, nachdem er das Objekt gefunden hat und trägt ihn zu Ihnen zurück. Auf diese Weise zeigt der Hund Ihnen an, dass er etwas gefunden hat. Die Strecke zum gesuchten Objekt legen Sie dann gemeinsam zurück. Bringen Sie Ihrem Hund bei, Ihnen das Bringsel erst dann zu geben, wenn er Sie zu dem gesuchten Objekt gebracht hat. Erst das Fallenlassen

Konzentriert nimmt der Dackel die Gerüche, die sich auf der Fährte gebildet haben, auf. Sein Gehirn erbringt Höchstleistungen!

des Bringsels vor dem gesuchten Objekt zeigt den richtig erkannten Gegenstand an. Diese Verknüpfung sollte der Hund verinnerlichen.

Besonders für die Freisuche ist diese Anzeigeart optimal, da der Hund nach dem Zurückkommen zu Ihnen noch die Aufgabe hat, Sie konzentriert zum Gegenstand zu führen, und nicht auf »Abwege« und andere Gedanken kommt (→ Seite 22/23).

Welche Anzeigeart ist sinnvoll?

Grundsätzlich kann Ihr Hund auf jede der vorgestellten Arten anzeigen, vielleicht auch je nach Fund auf jeweils unterschiedliche Weise. Am besten Sie achten darauf, was Ihrem Vierbeiner am leichtesten fällt, etwa ob er gerne bellt und Sie ihn deshalb gut dazu animieren können.

› Manche Hunderassen wie die Retriever, zu denen auch Golden Retriever und Labrador gehören, sind dagegen die geborenen Apportierhunde. Sie tragen ihre Beute mit weichem Maul, d. h. sie zerkauen sie nicht. Um »ihren« Menschen zum Spielen aufzufordern, schleppen sie ständig Spielzeug und Bälle an und animieren ihn so zum Werfen. Solche Hunde werden Ihnen gern durch ein Bringsel ihren Fund anzeigen.

› Spielen Sie mit dem Gedanken, sich mit Ihrem Hund einer Rettungshundestaffel anzuschließen, die sich ehrenamtlich die Suche nach vermissten Personen zur Aufgabe gesetzt hat, sollten Sie möglichst vermeiden, dass Ihr Hund den Suchenerfolg mit Bellen anzeigt: Die Gründe sind klar: Stellen Sie sich vor, dass sich ein verirrter Mensch, ein Verletzter oder ein Kind plötzlich einem Hund ohne Besitzer gegenübersieht, der permanent bellt. Wahrscheinlich wird er nicht denken, dass seine Rettung kurz bevorsteht. Diese Anzeigeart stellt für den Gefundenen die höchste Belastung dar.

Gedächtnisstütze Schnüffeltagebuch

TIPPS VON DER
SCHNÜFFEL-EXPERTIN
Kristina Falke

Zur sinnvollen Ausbildung sowie zum erfolgreichen Schnüffeln gehören auch Nachbereitung und Analyse des Lernverhaltens und der Arbeit Ihres Hundes. Und dazu zählt auch, dass Sie über seine Erfolge und Misserfolge ein Tagebuch führen. Je ausführlicher die Anmerkungen sind, die Sie in dieses Trainingstagebuch schreiben, desto besser können Sie die Ursachen erkennen, wenn es einmal nicht so läuft, wie Sie sich das vorstellen. Und es ist richtig spannend, wenn Sie nach Jahren wieder darin blättern ...

EXAKTE DATEN Versehen Sie jeden Eintrag mit Datum und Uhrzeit, notieren Sie die Aufgabe, die Sie Ihrem Hund gestellt haben.

VERHALTEN Beschreiben Sie die Körpersprache Ihres Hundes. Ist er aufgeregt, uninteressiert oder gestresst? Konzentriert er sich auf seine Aufgabe oder lässt er sich ständig ablenken?

ÄUSSERE BEDINGUNGEN Beziehen Sie auch das Wetter in Ihre Aufzeichnungen mit ein. Unter welchen Bedingungen sucht er gut gelaunt, wann ist er eher missmutig?

Clickertraining leicht gemacht

Wie sag ich's meinem Hund? Diese Frage stellt sich beim Training immer wieder. Dazu meine Empfehlung: Mithilfe eines Clickers können Sie Ihrem Hund ganz unkompliziert das korrekte Anzeigeverhalten beibringen. Durch das rasche Feedback mithilfe des Klickgeräuschs stellen Sie sicher, dass Sie jeden kleinen Lernfortschritt gezielt und für den Hund verständlich belohnen.

So funktioniert der Clicker

Ein Clicker funktioniert wie der beliebte Blechknackfrosch, den Sie vielleicht noch aus Ihrer Kindheit kennen. Drückt man auf die Blechzunge, so ertönt ein Klick-Klack-Geräusch. Dieses Geräusch wird für den Hund mit einer Belohnung gekoppelt, die er unmittelbar danach erhält: Er wird »konditioniert«. In Zukunft wird Ihr Hund das Klicken für außerordentlich interessant halten, denn es beinhaltet das Versprechen auf ein Leckerchen.

Gehen Sie folgendermaßen vor, um Ihren Hund an den Clicker zu gewöhnen: Sie klicken, und der Hund bekommt unmittelbar danach ein Leckerchen. Diesen Vorgang wiederholen Sie einige Male, bis das Klickgeräusch an sich für den Hund zur Belohnung geworden ist. Geben Sie dem Hund in dieser Trainingsphase keine Aufgabe, er soll selbst zum Ausprobieren animiert werden. Sein Bestreben wird es sein, dass der Clicker wieder klickt und er ein Leckerchen bekommt. Das passiert aber nur, wenn er Ihnen das von Ihnen gewünschte Verhalten zeigt. Ihr Hund wird sein ganzes Repertoire abspulen. Jede Handlung seitens des Hundes, die in die richtige Richtung weist, wird geklickt.

Bringseltraining mit dem Clicker

Schritt 1 Nutzen Sie diese Motivation seitens des Hundes für Ihr Training mit dem Apportel. Gliedern Sie die Übung in einzelne Abschnitte. Legen Sie dafür eine Suchdose auf den Boden, die der Hund bereits kennt. Sein Apportel liegt im Abstand von 20 cm daneben. Jetzt lernt der Hund durch Erfolg und Irrtum. Clickern Sie zu Beginn bereits, wenn er mit der Nase an der Dose ist. Dafür gibt es ein Leckerchen. Ab jetzt hat er das Suchobjekt erkannt.
Schritt 2 Jetzt soll der Hund die Dose und direkt anschließend das Bringsel berühren oder aufheben. Manchmal dauert das fünf Minuten, manchmal fünf Wochen. Der Hund wird für eine Belohnung alle Möglichkeiten durchspielen.

Konditionieren Sie zunächst Ihren Hund mit Hilfe von Leckerchen auf das Klickgeräusch.

Das Bringsel in Form eines leichten Balls ist am Geschirr angehängt. Der Hund weiß, was ihn erwartet, und freut sich auf den Start.

Mit dem Ball im Maul zeigt dieser Hund seinem Frauchen an, dass er etwas gefunden hat. Diese Art der Anzeige ist nicht nur Arbeit, sondern auch Spiel.

Schritt 3 Sobald der Hund die Reihenfolge »Objekt finden« und »Apportel tragen« verinnerlicht hat, erweitern Sie die Übung, indem Sie das Apportel am Geschirr, das am Boden liegt, befestigen. Clickern Sie nun erst, wenn der Hund das Bringsel löst. Anschließend ziehen Sie dem Hund das Geschirr an. Er muss die Dose finden und anschließend das Bringsel von seinem Suchengeschirr selbst lösen.

Schritt 4 Erweitern Sie die Abstände zwischen dem arbeitenden Hund und sich selbst. Clickern Sie erst, wenn sich Ihr Hund samt Apportel in der Schnauze in Ihre Richtung bewegt. Wirft er das Bringsel vor lauter Freude vor Ihre Füße, ignorieren Sie das falsche Verhalten und beginnen die Übung erneut. Erst das richtige Verhalten bringt Erfolg.

Schritt 5 Clickern Sie ab jetzt, wenn Ihr Hund zu Ihnen kommt, das Apportel trägt und Sie mit dem Hund losgehen können. Dabei sollten Sie beachten, dass Sie nur clickern, wenn der Hund den Weg zur Dose einschlägt. Er soll ja verstehen, dass auch auf dem Rückweg ein Bezug zur Dose besteht. Schlägt der Hund andere Richtungen ein, wird das Verhalten ignoriert und Sie bleiben stehen. Geht er zur Dose, wird geklickt.

Schritt 6 Clickern Sie, wenn Ihr Hund nun (endlich) das Apportel fallen lassen darf und er sich an der Dose befindet. Belohnen Sie ihn mit einem Spiel, bei dem er aufgestauten Stress abbauen kann, denn diese Übung ist sehr anspruchsvoll!

Mit Klick **zum Erfolg**

IMMER BELOHNEN Nach jedem »Klick« folgt eine Belohnung. Diese wird nicht nach einiger Zeit ausgeschlichen, sondern gehört immer zum »Klick«. Versprochen ist schließlich versprochen!

VIELSEITIG EINSETZBAR Mit dem Clicker können Sie Ihrem Hund jeden Befehl beibringen. Durch aktives Ausprobieren findet er heraus, was ein Klick und damit eine Belohnung zur Folge hat.

Einstieg in die Praxis

Haben Sie Lust, mit den ersten Übungen zu beginnen? Fangen Sie mit dem Training am besten zu Hause an. In ruhiger Atmosphäre kann sich Ihr Hund aufs Wesentliche – das Schnüffeln – konzentrieren. Gerade bei Regenwetter können Sie so Ihrem Vierbeiner auch daheim Abwechslung verschaffen. Los geht's!

Das Schnüffelabenteuer beginnt

Nachdem Ihr Hund verstanden hat, wie er Ihnen seinen Fund anzeigen kann, können Sie ins praktische Schnüffeltraining einsteigen. Allerdings muss Ihr Vierbeiner dafür seine Art der Anzeige – etwa das Sitzen vor dem zu findenden Objekt – sicher beherrschen! Zum Einstieg lernt der Hund, etwas zu finden, was mit der »Schnüffelprobe« übereinstimmt, die Sie ihm unter die Nase halten.

Die Vorbereitungen

Um mit dem Suchspiel überhaupt beginnen zu können, müssen Sie Gegenstände präparieren, die »geruchsidentisch« mit dem sind, was Ihr Hund erschnüffeln soll. Dazu verwenden Sie Objekte, die optisch vollkommen gleich sind – schließlich soll sie der Hund nur anhand des Geruchs unterscheiden. Ich verwende gerne Bierdeckel, die sich gut mit unterschiedlichen Düften »spicken« lassen.

› Besorgen Sie sich mehrere Bierdeckel, Gefrierbeutel mit Zippverschluss, eine Grillzange und ein Stück Käse. Alternativ können Sie gleichfarbige Pappen und Tupperdosen verwenden.
› Mehrere Stunden vor Spielbeginn beginnen Sie mit den Vorbereitungen: Ziehen Sie sich zunächst Einmalhandschuhe an. Arbeiten Sie ab jetzt die ganze Zeit mit einer Grillzange – auf diese Weise schließen Sie aus, dass Ihr Individualgeruch an die Bierdeckel gerät.
› Stapeln Sie mehrmals abwechselnd einen Bierdeckel und eine Scheibe Käse übereinander.
› Packen Sie dann den »Bierdeckelburger« in den Gefrierbeutel und verschließen diesen nun mithilfe des Zippverschlusses.
› Lassen Sie den Käse auf die Deckel eine Zeit lang einwirken und nehmen Sie anschließend den Käse mit der Zange heraus.

Jetzt geht's los!

Nach diesen Vorbereitungen ist jetzt Ihr Hund an der Reihe! Lassen Sie ihn als Erstes »Sitz« machen. Eventuell können Sie auch einen Helfer damit beauftragen, dafür zu sorgen, dass er zuverlässig wartet, während Sie mit Ihren Vorbereitungen fortfahren. Der Hund wird Sie aufmerksam dabei beobachten und jede Ihrer Bewegungen verfolgen.

› Öffnen Sie den Gefrierbeutel. Entnehmen Sie mithilfe der Grillzange einen Bierdeckel aus dem Beutel und legen Sie diesen ein paar Meter von Ihrem Hund entfernt auf den Boden.

› Gehen Sie nun zurück zu Ihrem Vierbeiner und halten Sie ihm den Gefrierbeutel vor die Nase. Beim Einatmen sagen Sie »Schnüffel« und nehmen direkt anschließend die Tüte weg.

› Ihr Hund wird mit gesenkter Nase auf den Bierdeckel zulaufen und ihn anzeigen. Zögert er, können Sie ihn durch Ihre Körpersprache animieren.

Der Hund zeigt bereits reges Interesse an seinem Geruchsmuster in Form eines »Käseburgers«. Noch muss er allerdings widerstehen.

› Gehen Sie sofort hin und loben Sie ihn überschwänglich – am besten mit einem Leckerchen. »Vergisst« der Hund im Eifer des Gefechts die Anzeige, so sollten Sie einen Schritt zurückgehen und diese nochmals üben! (→ Seite 18 ff.)

› Wiederholen Sie die Aufgabe mehrere Male. Spätestens nach zehn Minuten benötigt Ihr Vierbeiner aber eine Erholungspause.

Das Timing muss passen

Das Signal »Schnüffel« führen Sie in dem Moment ein, wenn Ihr Hund dabei ist, den Geruch, der mit dem Suchobjekt verbunden ist, einzuatmen. Mit diesem Befehl geben Sie ihm den Arbeitsauftrag, dass er etwas – und zwar genau den Geruch, den er jetzt in der Nase hat – suchen soll. Bei diesem Kommando ist das Timing sehr wichtig, denn der Hund verknüpft eine Handlung – in diesem Fall einen bestimmten Geruch zu suchen – mit dem Signal »Schnüffel« nur innerhalb von einer halben Sekunde. Für Sie heißt das, dass Sie dieses Signal nur in dem Moment äußern dürfen, wenn Ihr Hund tatsächlich am Käsedeckel riecht, sprich wenn der Hund seine Nase in die Tüte »taucht«. Halten Sie Ihrem Hund den Gefrierbeutel zur Geruchsaufnahme so hin, dass er darin riechen, aber nichts daraus stibitzen kann. Er darf außerdem keine Angst zeigen, wenn Sie mit der raschelnden Tüte auf ihn zukommen. Gehen Sie deshalb am besten vor ihm in die Hocke und halten Sie ihm die Tüte auf Halshöhe vor seine Nase. Stülpen Sie sie ihm keinesfalls über die Schnauze!

Ein Kommando reicht!

Verzichten Sie darauf, das Kommando »Schnüffel« mehrfach zu geben. Ist Ihr Hund nämlich auf dem Weg Richtung Tür und Sie rufen »Schnüffel«, dann wissen Sie nicht, welchen Geruch er tatsächlich gerade in der Nase hat. Hört Ihr Vierbeiner das Signal aber immer in unterschiedlichen Situationen, kann er das Signal »Schnüffel« nicht mit dem richtigen Verhalten – sprich dem Suchen des richtigen Geruchs – verbinden. Dies führt zu Fehlverknüpfungen beim Hund, meist lernt er lediglich daraus, Sie zu ignorieren: Da Sie oft und gern das Wort »Schnüffel« scheinbar zusammenhangslos verwenden, hat dieses Kommando für Ihren Hund keine Konsequenz oder Bedeutung.

Varianten einbauen

Aber nun zurück zum Spiel! Ihr Hund wird den Zusammenhang bald verstanden haben. Zeigt er das Auffinden sicher an, können Sie die Suche auch abwechslungsreicher gestalten und Varianten einbauen. Beobachten Sie Ihren Hund bei den jeweiligen Suchen nach dem Objekt genau. Je besser Sie sein Verhalten bereits in gewohnter Umgebung voraussagen und interpretieren können, desto einfacher haben Sie es bei den »Langstrecken« draußen in ungewohnter Umgebung.

Blindsuche Beginnen Sie, den Bierdeckel zu verstecken, ohne dass Ihr Hund dabei zusehen kann, und lassen Sie ihn erst dann zur Suche ins Zimmer.

Schwierigkeitsgrad steigern Wählen Sie immer schwierigere Verstecke aus, die Suche kann das ganze Haus erfassen. Haben Sie Kinder, helfen diese Ihnen bestimmt gern dabei!

Umgebungswechsel Öffnen Sie die Terrassentür und lassen Sie Ihren Hund auch draußen im Garten suchen. Damit bewegt er sich auf einem anderen Untergrund und ist zusätzlichen Umweltreizen ausgesetzt. Durch diesen Wechsel machen Sie das Spiel für Ihren Hund abwechslungsreicher und erhöhen automatisch den Schwierigkeitsgrad.

Orientierung in der freien Natur

TIPPS VON DER
SCHNÜFFEL-EXPERTIN
Kristina Falke

Eine Abkürzung querfeldein, und schon hat man sich verirrt. Jetzt ist Ihr Orientierungsvermögen gefragt! Haben Sie nicht? Übung macht den Meister! Und es stärkt Ihr Selbstbewusstsein, wenn Sie sich überall zurechtfinden. Das spürt auch Ihr Hund und motiviert ihn zur Arbeit.

ENTFERNUNGEN Versuchen Sie mal, beim Gassigehen die Distanz bis zum nächsten Baum zu schätzen. Danach überprüfen Sie die Strecke per Schrittmaß. Sie werden sehen: In kürzester Zeit entwickeln Sie ein Gefühl für Entfernungen.

HILFSMITTEL Eine Karte gibt Auskunft über Wege, Gewässer und Ortschaften. Topografische Karten weisen Höhenlinien auf: Bei geringem Abstand der Linien ist die Steigung hoch. Ist der Abstand groß, ist die Steigung gering.

GPS Durch ein Handgerät, geladen mit neuestem Kartenmaterial, wissen Sie stets, wo Sie sich befinden. Besteht keine Verbindung zum Satelliten, hilft der Griff zum Kompass. Ihn zu bedienen ist gar nicht schwierig. Und so ein Orientierungslauf mit Kompass kann richtig Spaß machen!

Spiele in der Wohnung

Erledigt Ihr Hund bereits routiniert alle Aufträge und lechzt nach neuen Herausforderungen? Dann wandeln Sie das Spiel leicht ab. Verändern Sie aber jeweils nur eine Komponente, etwa die Umgebung oder das Suchobjekt, und nicht mehrere gleichzeitig. Auf diese Weise kann sich Ihr Hund leichter darauf einstellen. Überfordern Sie Ihren Hund nicht, sondern nehmen Sie Rücksicht auf seine Lernfähigkeit. Schließlich wollen Sie ihn nicht durch Miss-

erfolge demotivieren. Und als Letztes: Loben Sie Ihren Hund ausgiebig, wenn er erfolgreich war. Das motiviert ihn für die nächste Suchrunde.

Hütchenspiele

Bestimmt kennen Sie aus dem Urlaub das Hütchenspiel, bei dem in rasantem Tempo drei Hütchen verschoben werden. Lassen Sie zur Abwechslung Ihren Hund den richtigen »Hut« finden! Sie benötigen dafür ein Stück Käse, eine Schnüffeltüte sowie einen Vorrat an Plastikbechern.

› Bereiten Sie eine nach Käse riechende Tüte vor (→ Seite 24/25) und stecken Sie ein Stück Käse in einen Plastikbecher.

› Stellen Sie je einen Becher mit und ohne Käse mit der Öffnung nach unten vor Ihrem Hund auf. Er darf nicht wissen, wo der Käse steckt!

› Halten Sie die Tüte mit dem Käse geruchsbereit vor die Hundenase und geben Sie den Auftrag »Schnüffel Käse« – Es wird also das neue Wort »Käse« in Verbindung mit dem bereits bekannten Kommando eingeführt.

› Ihr Hund geht dem Geruch nach und zeigt Ihnen den richtigen Becher an. Falls er stürmisch ist und gleich selbst den Becher umwerfen und sich seine Belohnung holen will, müssen Sie fix sein. Auf keinen Fall darf er sich selbst bedienen.

› Bei richtigem Verhalten loben Sie den Hund und wiederholen das Spiel, damit Ihr Vierbeiner sich das Wort »Käse« einprägen kann.

Ein hoch konzentrierter Hund und eine perfekte Anzeige! Jetzt ist ein ausgiebiges Lob fällig.

> Klappt die Übung mit zwei Bechern, erweitern Sie das Spiel um einen dritten Becher. Später können Sie so viele Becher benutzen, wie Sie wollen.

> Zum Einstieg in die Fährtenarbeit können Sie bei der Vorbereitung des Spiels den mit Käse gespickten Becher ein Stück weit über den Boden schieben. So verfolgt Ihr Vierbeiner seine erste Spur …

Hilfe gesucht

Die Suche nach Leckerchen macht dem Hund natürlich großen Spaß. Aber setzen Sie Ihre Spürnase ruhig auch im Alltag ein und lassen Sie sich von Ihrem tierischen Partner das Leben erleichtern! Beherrscht Ihr Hund beispielsweise als Anzeigeart das Apportieren, so können Sie ihm beibringen, daheim die Pantoffeln zu suchen und zu bringen, sobald Sie nach Hause gekommen sind. Welch eine Wohltat nach einem harten Arbeitstag!

> Packen Sie einen Pantoffel in die Tüte, den zweiten legen Sie einen Meter entfernt vor Ihren Hund. Vergessen Sie auch hier bei der Vorbereitung nicht Einmalhandschuhe und Grillzange, damit Sie Ihren Hund nicht durch andere Geruchspartikel auf eine falsche Spur bringen: Haben Sie beispielsweise zuvor die Katze gestreichelt und atmet der Hund diesen Geruch bei seinem Schnüffelauftrag ein, verknüpft er die Katze mit dem Wort Pantoffel.

> Das Signal »Schnüffel Pantoffel« bei gleichzeitigem Einatmen der Geruchstüte ist das Startzeichen für Ihren Hund. Er wird sich auf den Pantoffel stürzen und ihn zu Ihnen bringen.

> Loben Sie ihn und geben ihm das Signal »Aus«. Wenn er das nicht kennt, schlagen Sie ihm das »Tauschgeschäft« Leckerchen gegen Schuh vor.

> Beginnen Sie nun, die Entfernung zwischen Hund und zu suchendem Pantoffel zu vergrößern. Schnell wird er das Signal »Schnüffel Pantoffel«

Bauen Sie Suchspiele in den Alltag ein und lassen Sie sich von Ihrem Hund verwöhnen – er kann Ihnen beispielsweise die Pantoffeln suchen und bringen.

verstanden haben und für das eine oder andere Leckerchen gern auf die Suche gehen.

> Nach vielen Wiederholungen machen Sie die Probe aufs Exempel: Lassen Sie die Tüte zur Geruchsaufnahme weg und schicken ihn nur mit dem Auftrag »Schnüffel Pantoffel« los. Kommt er mit der Pantoffel zurück, wissen Sie, dass Ihr Hund das Wort Pantoffel mit der richtigen Handlung und dem richtigen Gegenstand verknüpft hat.

> Klappt es nicht, trainieren Sie weiter mit der Tüte und versuchen es eine Woche später erneut.

> Als nächsten Schritt stellen Sie beide Pantoffeln zum Apportieren hin. Bringt er zu Beginn nur einen, schicken Sie ihn ein zweites Mal oder befestigen Sie die beiden Pantoffeln provisorisch aneinander.

Angenehmer Nebeneffekt Freut sich Ihr Hund überschwänglich, wenn Sie zur Tür hereinkommen? Und ist seine Freude so groß, dass er Sie im Eifer des Gefechts sogar anspringt? Kanalisieren Sie seine Wiedersehensfreude auf geschickte Weise! Geben Sie ihm, unmittelbar nachdem Sie die Wohnung betreten haben, den Auftrag »Schnüffel Pantoffel«. Ihr Hund hat durch dieses Kommando einen Job erhalten, der hohe Konzentration und geistige Arbeit bedeutet – und wer sucht, springt

Ihr Hund kann lernen, verschiedene Spielzeuge voneinander zu unterscheiden und das von Ihnen genannte Objekt zu bringen.

nicht. Zumal es auch ein schönes Ritual ist, wenn Ihr Liebling Ihnen die Pantoffeln nach einem anstrengenden Arbeitstag bringt, oder?!

Klare Begriffe

Haben Sie inzwischen eigene Ideen, wie Sie die Hundenase beschäftigen können? Dann lassen Sie Ihrer Fantasie freien Lauf. Die Übungen lassen sich alle nach dem gleichen Muster antrainieren (→ Seite 12/13). Bei der Einführung eines Suchworts sollten Sie zusätzlich Folgendes beachten:

› Ein Hund ist in der Lage, jeweils nur ein Signalwort mit einer Handlung oder einem Gegenstand zu verknüpfen. Zum Abstrahieren ist er nur bedingt in der Lage. Deshalb sollten Sie schon frühzeitig mit allen Personen, die mit dem Vierbeiner spielen und umgehen, festlegen, dass der Ball, der gesucht werden soll, auch tatsächlich von allen »Ball« genannt wird.

› Befinden sich in Ihrem Haushalt mehrere Bälle, benennen Sie den zweiten Ball auch anders, etwa »Kugel« oder »Bällchen«. Für den Hund sind das nämlich zwei vollkommen unterschiedliche Gegenstände, zumal ihnen tatsächlich unterschiedliche Gerüche anhaften.

Eins nach dem andern

Neue Suchobjekte führen Sie immer auf die gleiche Weise ein: Soll Ihr Hund etwa als Nächstes einen Ball suchen, ziehen Sie sich zunächst Einmalhandschuhe an und reiben dann den Ball an einem Bierdeckel, damit dieser den Geruch des Balls annimmt. Jetzt kann der Hund den Suchgeruch am Bierdeckel aufnehmen und erhält zeitgleich das Signal »Schnüffel Ball«. Sind Sie sich nach der ausreichenden Anzahl an Wiederholungen sicher, dass der Hund das Kommando mit der richtigen Handlung verknüpft, können Sie ein weiteres Objekt, etwa eine Puppe, einführen. Die bereits bekannten Spielzeuge liegen immer mit dabei, wenn Ihr Hund ein neues kennenlernt!

Sorgen Sie außerdem dafür, dass Ihr Hund die Spielzeuge nicht allein mithilfe seiner Augen identifiziert: Stapeln Sie bei der Suche die Spielzeuge so übereinander, dass das gesuchte Objekt durch die anderen vollständig verdeckt wird. Auf diese Weise vermeiden Sie, dass Ihr Hund sich nach einiger Zeit die Form eingeprägt hat und den Gegenstand nicht mehr mit der Nase sucht.

Ostereiersuche für Hunde

Zur Steigerung des Schwierigkeitsgrads können Sie die Spielzeuge in der Wohnung kreuz und quer verstecken und den Hund dann zur Spielzeugsuche ermutigen. Kann Ihr Hund die Objekte nicht sehen, weil sie hinter einem Sessel oder unter einer Decke liegen, muss er zwingend die Nase einsetzen, um erfolgreich zu sein. Denken Sie aber daran, dass Ihr Hund Erfolg haben soll, da das seine Motivation steigert und zu weiteren Suchspielen anregt. Bei dieser Übung unterstützen Ihre Kinder Sie sicherlich gern. Ihnen fallen gute Verstecke ein, auf die Erwachsene nie kommen würden. So bleibt es spannend. Funktioniert die Übung im Haus, können Sie die Suche auch auf Ihren Garten ausdehnen.

Wer knackt die Nuss?

Eine Kür für fortgeschrittene Schnüffler ist die Unterscheidung von verschiedenen Nussarten. Testen Sie im Vorfeld ruhig selbst, wie schwierig diese Aufgabe ist: Schließen Sie die Augen und bitten Sie jemanden, Ihnen unterschiedliche Nüsse unter die Nase zu halten. Erkennen Sie alle unterschiedlichen

Sorten? So einfach ist das gar nicht – aber gerade richtig für Ihren Hund:

› Besorgen Sie sich für das »Erkennungsspiel« gemahlene oder ganze Walnüsse, Erdnüsse, Muskatnüsse, Paranüsse und Haselnüsse.

› Verwenden Sie Bierdeckel, die mit Nussgerüchen markiert werden. Bei fünf Geruchsproben brauchen Sie sechs Deckel, einer dient als »Muster«.

› Achten Sie darauf, für jede Probe ein neues Paar Handschuhe zu verwenden. Auf diese Weise stellen Sie sicher, dass der Geruch der jeweiligen Nussart nicht mit dem der anderen vermischt wird.

Beginnen Sie die Objektsuche mit dem Lieblingsspielzeug des Hundes. In diesem Fall ist seine Motivation, es zu finden, am größten, da er damit spielen möchte.

> Nehmen Sie Nüsse oder Nusspulver und reiben Sie jeweils einen Bierdeckel damit ein. Verstauen Sie diesen dann in der Zippverschlusstüte.

> Jetzt benötigen Sie noch ein Geruchsmuster, das Sie dem Hund unter die Nase halten können. Dafür »spicken« Sie den sechsten Bierdeckel nochmals mit dem Geruch der Haselnüsse.

> Legen Sie die Bierdeckel anfangs so weit es geht voneinander entfernt hin, sodass sich diese Gerüche nicht überlappen.

> Schicken Sie Ihren Hund mit der Aufforderung »Schnüffel Haselnuss« auf die Suche und lassen Sie ihn gleichzeitig in der entsprechenden Tüte den Geruch aufnehmen.

> Sie werden feststellen, dass Sie Ihrem Hund nichts vormachen können und auch dieses Spiel gelingt. Machen Sie jedoch wie immer nach zwei bis drei Durchläufen eine Pause.

Nur für Fortgeschrittene!

Sie können die Übung mit den Nüssen so aufbauen, dass Ihr Hund mit der Zeit alle Nusssorten begrifflich unterscheiden lernt. Voraussetzung dafür ist, dass Sie ihm immer den richtigen Namen zur Suche mitgeben, etwa »Schnüffel Walnuss«, »Schnüffel Muskatnuss«.

> Hat Ihr Hund Probleme, aus den fünf verschiedenen Gerüchen den richtigen herauszusuchen, so gestalten Sie die Suche einfacher: Beginnen Sie mit zwei Nusssorten und steigern Sie die Übung dann langsam von zwei über drei und vier Gerüche, bis Sie an Ihrem persönlichen Ziel angekommen sind. Vergewissern Sie sich, dass der Hund die einzelnen Zwischenschritte verinnerlicht hat.

> Beherrscht der Hund das Spiel, lassen Sie das Geruchsmuster weg. Ab jetzt schicken Sie ihn nur mit dem entsprechenden Kommando los.

Durch identisches Material, Form und Farbe stellen Sie sicher, dass Ihr Hund sich verschiedene Geruchsmuster nicht mit Hilfe der Augen einprägt.

Vorsicht **Nussallergie**

Leidet eines Ihrer Familienmitglieder oder Sie selbst an einer Nussallergie, kann Ihr Hund für Sie Sherlock Holmes spielen und Nussspuren in Lebensmitteln erschnüffeln. Da Nüsse nur als eine von vielen Komponenten in bestimmten Speisen enthalten sind, ist das eine weitere große Herausforderung für Ihren Hund.

ERKENNEN Beginnen Sie die Übung damit, dass der Hund durch »Schnüffel Haselnuss« Nüsse von anderen Stoffen unterscheiden kann.

STEIGERN Beginnen Sie mit reinen Haselnüssen und arbeiten Sie sich dann an Lebensmittel heran, die geringere Nussanteile enthalten. Diese Übung ist auf alle Lebensmittel übertragbar.

Die leidige Schlüsselsuche

Mit dem Signal »Schnüffel Schlüssel« lernten meine Hunde das Erschnüffeln meines Schlüssels. Dieser Befehl ist außerdem eine wunderbare Gelegenheit, das Wort »Schnüffel« auszuschleichen, sobald der Hund »Schnüffel Schlüssel« verstanden hat.

› Trainieren Sie Ihrem Hund das Bringen des Schlüssels an wie bei »Hilfe gesucht« (→ Seite 29).

› Sobald der Hund »Schnüffel Schlüssel« verstanden hat, variieren Sie die Lautstärke. Ab jetzt wird »Schnüffel« immer leiser gesagt als »Schlüssel«, bis Sie das Wort ganz weglassen. Somit wird das Wort »Schlüssel« allein zum Schlüsselreiz, der Ihren Hund zum Schnüffeln motiviert. Dieses Vorgehen lässt sich auf andere Übungen übertragen. Ziel ist es, dass Sie nur noch das Suchobjekt nennen.

› Besitzen Sie mehrere Schlüsselbunde, benennen Sie diese unterschiedlich. So können Sie Ihren Hund bewusst nach einem bestimmten Schlüssel suchen lassen. Üben Sie auch draußen und im Auto, sprich überall da, wo Sie ihn selbst suchen würden …

Sind Sie auch immer wieder auf der verzweifelten Suche nach Ihrem Schlüsselbund? Lassen Sie doch einfach Ihren Hund danach fahnden – er wird schneller zum Erfolg kommen als Sie!

Suchspiele für draußen

Bei schönem Wetter können Sie Ihre Suchspiele jetzt problemlos ins Freie verlegen. Und die ganze Familie kann am neuen »Hobby« Ihres Hundes teilhaben. Ihre Kinder werden jede Menge Spaß haben, wenn Ihr Hund sich schnuppernd auf die Suche nach ihnen macht. Wählen Sie für das Versteckspiel ein Gelände aus, auf dem der Hund ohne Leine suchen darf. Eingezäunte Gärten eignen sich am Anfang gut: Hier kann er ohne Zwang seiner Nase nachgehen.

Kinder an die Macht

Lassen Sie einfach mal Ihre Kinder eine kleine Spur legen. Dabei werden die Rollen verteilt: Ein Kind bleibt bei Ihnen und hält sich die Augen zu, während das andere sich versteckt. Anschließend gehen Hund und Kind auf die Suche nach dem Geschwisterkind. Wer findet es eher? Das Kind über die Augen oder der Hund über die Nase? Findet der Hund Ihr Kind in seinem Versteck, ist die Freude groß. Auch der Hund soll bei diesem Spiel seinen Spaß haben. Deshalb geben Sie Ihrem Kind das Lieblingsspielzeug Ihres Hundes mit. Nach erfolgreicher Suche können Kind und Hund dann gemeinsam damit spielen. Diese Form der Belohnung ist für manchen Vierbeiner mindestens so schön und attraktiv wie ein Leckerchen!

Probe für den Ernstfall

Gehört Ihr Hund zu den Kandidaten, die beim Spazierengehen gern mal eigene Wege gehen in der Gewissheit, dass Sie schon irgendwann hinterherkommen werden?

Verstecken Sie sich in so einem Fall einfach einmal hinter einem Baum. Ihr Hund wird rasch bemerken, dass Sie ihm, anders als sonst, nicht folgen. Das versetzt ihn in Unsicherheit. Er wird Sie dort suchen, wo er Sie das letzte Mal gesehen hat und dann seine Nase einsetzen, um Ihre Fährte von diesem Punkt aus zu verfolgen. Hat er Sie dann gefunden, dürfen Sie Ihren Hund nicht dafür bestrafen, dass er zu weit gelaufen ist und Ihr Signal nicht beachtet hat. Zu diesem Zeitpunkt hat er das schon längst vergessen. Loben Sie ihn lieber überschwänglich dafür, dass er in diesem Augenblick bei Ihnen angekommen ist. Wiederholen Sie dieses Vorgehen mehrfach. Er wird Sie in Zukunft aufmerksamer im Blick behalten und verstärkt auf Sie achten, damit ihm das nicht noch einmal passiert!

Motivieren Sie Ihren Hund mit einem Spiel, bevor Sie ihn diesen Gegenstand suchen lassen.

Damit das Schnüffeln Spaß macht!

Jeder Hund liebt es, seine Nase bei der Fährtensuche einzusetzen. Damit das auch weiterhin so bleibt, möchte ich Ihnen einige Tipps für das Schnüffeltraining mit auf den Weg geben!

Tut gut

Besser nicht

+ Beobachten Sie Ihren Hund während des Schnüffelns. Wirkt er gestresst, entspannen Sie ihn durch ein Spiel.

+ Nehmen Sie immer etwas Wasser für Ihren Hund mit und bieten Sie es ihm während der Pausen an.

+ Halten Sie auf längeren Suchen eine Decke für ihn bereit. Darauf kann er zwischendurch seine Ruhe finden.

+ Sorgen Sie dafür, dass eine Suche immer mit einem positiven Erlebnis endet. Das macht Lust auf Mehr!

− Füttern Sie Ihren Hund nicht vor einer Suche. Das macht ihn schwerfällig, die Gefahr einer Magendrehung steigt.

− Steigern Sie den Schwierigkeitsgrad bei der Fährtenarbeit langsam. Ist Ihr Hund überfordert, verliert er die Motivation.

− Bestrafen Sie Ihren Hund nicht, wenn er Ihrer Meinung nach etwas falsch macht. Angst ist ein schlechter Lehrer!

− Seien Sie nicht zu ehrgeizig. Ihre Stimmung überträgt sich auf den Hund und macht ihn übermotiviert und hektisch.

Ein wichtiges Utensil: die Schleppleine

Wichtigstes Utensil für Schnüffelspiele ist eine Schlepp- oder Fährtenleine. Sie ist in der Regel bis zu 20 Meter lang und stellt bei der gemeinsamen Arbeit den Kontakt zwischen Ihnen und Ihrem Vierbeiner her. Befindet sich Ihr Hund an der Schleppleine, haben Sie ihn unter Kontrolle. Für die passionierten Jäger unter den Hunden ist das ein wichtiger Aspekt, gerade wenn Sie noch am Trainingsanfang stehen und sich Ihr Vierbeiner leicht ablenken lässt. Haben Sie ihn »im Griff«, spiegeln Sie das auch in Ihrer inneren Einstellung wieder – Sie wirken sicherer.

Worauf Sie beim Kauf achten sollten

› Die Schleppleine muss der Größe und dem Gewicht Ihres Hundes angepasst sein.
› Bewährt haben sich leichte Kunststoffleinen oder flache Bänder. Sie saugen sich bei Regen nicht voll, sind pflegeleicht und gut zu reinigen.

Lederleinen sind weniger geeignet für die Fährtenarbeit. Das Material wird bei Regen schwer und glitschig. Es braucht lange zum Trocknen und muss aufwendig gepflegt werden, damit es nicht hart und spröde wird.
› In einer Leuchtfarbe fällt die Leine leicht auf und Sie finden sie schnell wieder, wenn Sie Ihnen im Gelände – vielleicht in der Dämmerung – zu Boden gefallen ist.

Die Arbeit mit der Leine

Da Ihr Hund nicht sprechen kann, kann er Ihnen kein Feedback über Ihre Schleppleinenfähigkeiten geben. Suchen Sie zu Anfang deshalb einen »Ersatzhund« in Form eines menschlichen Trainingspartners. Beim Üben mit ihm lernen Sie, sich dem Lauftempo des Hundes anzupassen sowie seine Körpersprache und Anzeigen zu verstehen.
› Geben Sie Ihrem Partner einen Leinenradius von zwei bis drei Metern und laufen Sie zusammen. Es ist Ihre Aufgabe, auf die verschiedenen Tempo- und Richtungswechsel ebenso wie auf das Stehenbleiben Ihres »Hundes« zu reagieren. Reagieren heißt: Sie folgen, die Leine bleibt auf gleicher Spannung,
› Lassen Sie Ihren »Hund« die Richtung vorgeben. Sie müssen es schaffen, die Leine – je nach Bedarf – möglichst rasch aufzunehmen oder abzuwickeln. Übung macht den Meister! Sie sind fit für die Praxis, wenn Ihr menschlicher Trainingspartner das Gefühl hatte, Sie wären gar nicht dabei gewesen.

Gerade bei Jagdhunden und in wildreichen Gebieten bietet die Leine dem Besitzer Sicherheit.

Die Arbeit mit der Leine

Während Ihr Vierbeiner arbeitet, darf von Ihrer Seite her nie Druck auf ihn ausgeübt werden. Die Schleppleine bleibt während des Schnüffelns auf Spannung – diese Spannung gibt aber der Hund durch sein Arbeitstempo vor und nicht Sie! Halten Sie über die Leine nur Kontakt mit dem Hund und passen sich lediglich seinem Tempo an – alles andere verwirrt den Hund. Leinenführigkeit ist zur Freude des Hundes beim Schnüffeln nicht gefragt. Manchmal ist es schwierig, dem Hund klarzumachen, dass er beim Schnüffeln ziehen darf, danach aber nicht. Schön ist es, wenn Ihr Hund bereits gelernt hat, nicht zu ziehen, wenn er ein Halsband trägt. Dann führen Sie ein Ritual ein, mit dem Sie dem Hund verdeutlichen, dass nun die »Schnüffelstunde« beginnt:

› Führen Sie Ihren Hund am Halsband zum Startpunkt der Suche.

› Nehmen Sie ihm nun das Halsband ab und legen Sie ihm ein Suchengeschirr an. Dieses Arbeitsgerät trägt er nur während der Suche. Es sollte einen Brust- und Rückensteg besitzen, doppelt genäht und innen weich gepolstert sein. Da Ihr Hund sich während der Suche weit in das Geschirr lehnt, sollten Sie es ihm aus gesundheitlichen Gründen so angenehm wie möglich machen!

Ich empfehle Ihnen ein Geschirr, bei dem die Leine auf dem Rückensteg befestigt wird. Wird sie am Bruststeg eingeklinkt, besteht bei einem hoch motivierten Hund die Gefahr, dass sich die stark unter Spannung stehende Leine zwischen den Vorder- und Hinterläufen oder im Brustbereich verhängt. Dann kann es in diesen Regionen zu Druck- und Schürfverletzungen kommen.

› Durch den Wechsel vom Halsband zum Geschirr signalisieren Sie Ihrem Hund, dass es an die Arbeit geht. Erst nach der Suche und einem Wechsel zum Halsband muss er wieder leinenführig sein, d. h. er muss bei locker durchhängender Leine »Bei Fuß« gehen.

› Am Rückenkarabiner befestigen Sie nun die Schleppleine. Ziehen Sie Handschuhe an, um Verbrennungen durch die Leine zu vermeiden!

Ein perfekt sitzendes Geschirr und ein Besitzer, der sich im Hintergrund hält: gute Voraussetzungen für konzentrierte Nasenarbeit.

Diese können Sie sich zuziehen, wenn der Hund schnell anzieht und rasch losstürmen will und Ihnen dabei die Leine durch die Finger zerrt.

Die Würstchenschleppe

Nach dem Schnüffeln in Ihrem persönlichen Umfeld und in bekannter Umgebung steht jetzt Geländearbeit auf dem Programm: Ihr Hund lernt, eine Spur auszuarbeiten, die Sie vorbereitet haben. Folgendes sollten Sie beim Fährtenlegen beachten:

› Markieren Sie den Startpunkt deutlich. Mensch wie auch Hund sollen ihn eindeutig identifizieren können. Sie können beispielsweise einen Stock senkrecht in den Boden rammen.

› Legen Sie die Spur so, dass Sie ihren Verlauf auch nach einiger Zeit noch erkennen können. Markieren Sie den Fährtenverlauf immer nach dem gleichen System (→ Seite 45). So können sich auch Helfer, die mit Ihrem Hund die Fährte abgehen (→ Seite 52), besser orientieren.

› Zu Beginn der Fährtenarbeit steht im Vordergrund, dass der Hund eine Spur ausarbeitet. Er muss das Suchobjekt – etwa das heiß begehrte Leckerchen am Zielpunkt – nicht zwingend anzeigen, sondern darf es gleich auffressen.

› Hat der Hund gelernt, eine Spur zu verfolgen und ist motiviert, weil er weiß, dass er am Zielpunkt in irgendeiner Form belohnt wird, so können Sie die Wurst am Endpunkt auch in einem Futterbeutel verpacken. Da der Hund jetzt nicht selbst an seine Belohnung herankommt, braucht er Ihre Unterstützung – und wird den Fund entsprechend anzeigen.

Jetzt geht's um die Wurst

Die erste Spur sollte besonders deutlich sein. Ich empfehle Ihnen, mit Leckerchen zu arbeiten, die Ihr Hund besonders schätzt, etwa Würstchen.

› Befestigen Sie mit Handschuhen das Würstchen an einer langen Schnur und stecken Sie die »Wurstschleppe« in einen Gefrierbeutel.

› Gehen Sie zum vorgesehenen Startpunkt Ihrer Spur und holen Sie dort die Schleppe heraus. Achten Sie vor allem bei den ersten Fährten darauf, die Spur in Windrichtung zu legen. Arbeitet der Hund

Bei einer Schleppe mit einem Würstchen bringen Sie Ihren Hund auf den Geschmack.

gerade bei Trainingsbeginn zu oft gegen den Wind, sucht er mit hoher Nase und hat Schwierigkeiten, die Fährte korrekt abzusuchen.

> Nun legen Sie das Wurstende auf den Boden, ziehen es an der Leine einige Meter geradeaus und legen so eine frische Duftspur. Anfangs sind drei bis fünf Meter vollkommen ausreichend. Lassen Sie am Zielpunkt die Wurst auf dem Boden liegen.

> Gehen Sie in einem Bogen zu Ihrem Hund zurück. Die Geruchspartikel des Rückwegs sollen sich nicht über die eigentliche Fährte legen. Ihr Hund wird das Geschehen gespannt verfolgen.

> Lassen Sie Ihren Hund nun an dem nach Wurst riechenden Handschuh riechen. Mit dem Signal »Schnüffel Wurst« geht es los. Im besten Fall folgt Ihr Hund der Spur mit der Nase. Lassen Sie ihm Zeit. Kommt er unwiderruflich von der Fährte ab, bringen Sie ihn mit »Nöö-nöö« auf die richtige Spur.

> Am Anfang des Trainings sollten Sie noch nicht auf einer Anzeige bestehen: Für eine Belohnung reicht es, dass er die Fährte ausgearbeitet hat.

Sorgfalt zahlt sich aus

Stürzt sich Ihr Hund auf die Wurst am Ziel, so präparieren Sie den Fährtenverlauf zusätzlich mit kleinen Wurststückchen, die Sie parallel zur Spur alle 20 bis 30 Zentimeter fallen lassen. Diese sollen aber winzig sein, er soll sie ohne größeres Kauen sofort schlucken können. Auf diese Weise bleibt Ihr Hund weiterhin motiviert und gibt nicht schon nach wenigen Metern satt und zufrieden auf. Diese Leckerchen wird Ihr Hund sich nicht entgehen lassen, und er wird in Zukunft vermehrt mit der Nase am Boden arbeiten. Er lernt dadurch, dass es sich lohnt, seiner Nase zu folgen, statt nur seinem Blick, da er sich so selbst belohnt. Alternativ zu der Wurst können Sie Käse oder Trockenfutter verwenden.

So wird Ihr Hund **motiviert**

MITTEL	SO WIRD ES EINGESETZT
GUTE LAUNE	Sind Sie selbst motiviert und voller Tatendrang, so wird auch Ihr Hund mit Begeisterung die neue Aufgabe anpacken. Haben Sie keine Lust, merkt das Ihr Hund!
BELOHNUNG	Passen Sie das Lob, das Sie nach einer gut gelösten Aufgabe verteilen, an Ihren Hund an. Sind Leckerchen für ihn das Größte, sollte er sie nach einer schweren Suche bekommen. Ist er an Fressen nicht interessiert, belohnen Sie mit einem Wortlob bzw. einer Spiel- oder Streicheleinheit.
OFT ÜBEN	Hunde lernen durch Wiederholungen. Je öfter sie üben, umso schneller prägen sie sich etwas Neues ein.
PAUSEN	Will nichts mehr funktionieren, tut manchmal eine Trainingspause von ein bis zwei Wochen gut. In dieser Zeit verarbeitet das Gehirn neue Erfahrungen.

Im Gelände auf Tour

Ihr Hund ist jetzt kein Anfänger mehr und kann seinen Riecher draußen im Gelände unter Beweis stellen. Ab jetzt stehen längere Touren an – Ihr Equipment sollten Sie aus diesem Grund um einige Utensilien erweitern. Schließlich darf man bei einem aufregenden Schnüffelabenteuer nichts dem Zufall überlassen ...

Gerüstet für alle Fälle

Die Fährte legen, danach mit dem Hund trainieren – das neue Schnüffelhobby sorgt dafür, dass Sie mehr Zeit als bisher draußen verbringen. Spaß bei jedem Wetter haben Sie, wenn Sie zweckmäßig ausgerüstet sind. Notwendig sind etwa wasserdichte Schuhe mit festem Profil. Eine regenfeste Jacke mit Kapuze gehört ebenfalls zum Equipment. Und in einem leichten Rucksack bringen Sie gut das unter, was Sie für die gemeinsamen Ausflüge benötigen und immer dabei haben sollten:

> Fährtenleine, Halsband, Arbeitsgeschirr und normale Leine. Wollen Sie Ihren Hund in Schnüffelpausen laufen lassen, nehmen Sie eine zweite Schleppleine mit. Um zu vermeiden, dass sich die Leinen im Rucksack verknoten, wickeln Sie diese ordentlich auf und machen ein Gummiband darum. Nasse Leinen packen Sie in eine Plastiktüte, so bleibt der Rucksack sauber.

> Wasser, Leckerchen für Zwischendurch und ggf. auch eine »Zwischenmahlzeit«. Planen Sie eine Tour über mehr als vier Stunden, füttern Sie mittags etwa ein Viertel der Tagesration. Danach sollte der Hund mindestens eine halbe Stunde ruhen.

> Mit einem kleinen Erste-Hilfe-Set sind Sie bei Verletzungen Ihres Hundes oder von sich selbst gerüstet. Verbände, saubere Tücher, Schere, Pflaster, Desinfektionsmittel sollten darin enthalten sein. Auch ein Handy kann nützlich sein, um im Notfall Unterstützung zu holen!

> Reflektoren stellen in der Dämmerung sicher, dass Ihr Hund gesehen wird und nicht Passanten oder Radfahrer erschreckt, wenn er plötzlich aus dem Gebüsch springt. Das beugt außerdem schon im Vorfeld Konflikten vor! Auch Sie selbst sollten bei abendlichen Schnüffelrunden Reflektoren an Ihrer Kleidung befestigen!

Das passende Übungsgelände

In der freien Natur, wo Sie in Zukunft mit Ihrem Vierbeiner Fährten nachgehen, halten sich neben Ihnen auch Spaziergänger, Fahrradfahrer, Jogger und viele andere Erholungssuchende – mit oder ohne tierische Begleiter – auf. Klar, dass da gegenseitige Rücksichtnahme gefragt ist. Schließlich wollllen alle entspannt und zufrieden von einem Spaziergang nach Hause kommen. Und auch auf die Bedürfnisse der wild lebenden Pflanzen- und Tierwelt sollten Sie Rücksicht nehmen.

Was der Gesetzgeber sagt

Neben der Rücksichtnahme auf andere und allgemeinen Benimmregeln, die Sie sich als verantwortungsvoller Hundebesitzer wahrscheinlich selbst auferlegen, gibt es zahlreiche Gesetze, die den Aufenthalt in der Natur regeln. Oft sind sie in jedem Bundesland anders, deshalb soll nur auf Rahmenbedingungen hingewiesen werden.

Unterwegs auf Wiesen ...

Allgemein dürfen landwirtschaftliche Nutzflächen nur dann betreten werden, wenn sie nicht bewirtschaftet werden. Bei Grünland gilt normalerweise ein Betretungsverbot zwischen Anfang April und Ende Oktober, bei Ackerflächen die Zeit zwischen Saat und Ernte. Zuwiderhandlungen werden mit empfindlichen Geldstrafen belegt!
Hinterlässt Ihr Hund einen Haufen auf einer Wiese, so müssen Sie ihn auf jeden Fall entfernen. Der Hundekot macht nicht nur das Gras fürs Verfüttern ungenießbar, es besteht auch die Gefahr, dass sich die Erreger der Neosporose darin befinden. Dieser Parasit kann bei Kühen Fehlgeburten auslösen.

Wollen Sie auf Brachflächen üben, sollten Sie im Vorfeld mit dem betroffenen Landwirt sprechen. Nehmen Sie besonders im Frühjahr Rücksicht auf dort brütende Vögel oder auch Rehe, die ihre Kitze gern auf solchen Flächen ablegen.

... und in Wäldern

Laut dem Bundeswaldgesetz ist das Betreten des Waldes zu Erholungszwecken ausdrücklich gestattet. Allerdings muss sich der Hund dabei ständig in Ihrem Einwirkungsbereich aufhalten, d. h. er sollte zuverlässig zu Ihnen zurückkommen, wenn Sie ihn rufen oder ihm pfeifen.
Besondere Rücksicht auf Wildtiere ist während deren Trächtigkeit und Setzzeit notwendig. Vor allem im Frühjahr sollten Sie Ihren Hund also nicht zu weit in den Wäldern herumlaufen lassen, um eine unnötige Beunruhigung von Rehen und Hasen sowie deren Jungtieren zu vermeiden.
Erhöhte Vorsicht ist auch bei Morgen- und Abenddämmerung geboten. Die Wildtiere sind dann be-

---

Unterwegs in der **Gruppe**

Haben Sie manchmal keine Lust, allein mit Ihrem Hund Fährten abzugehen? Dann suchen Sie doch einfach ein Team von Gleichgesinnten!

GEGENSEITIGE HILFE Sie können sich gegenseitig Fährten nach den selben Regeln legen.

FEEDBACK Ihre Mitstreiter sagen Ihnen objektiv, was gut oder schlecht bei einer Suche war.

Auch bei einer geschlossenen Schneedecke steht der Fährtenarbeit nichts im Weg. Die Geruchspartikel werden im Schnee gut konserviert.

Ist Ihr Hund konzentriert bei der Nasenarbeit, so lässt er sich auch durch Artgenossen und andere Umweltreize nicht vom Schnüffeln ablenken.

sonders aktiv und können auch einen ansonsten gehorsamen Hund in Versuchung führen.

Wann muss der Hund an die Leine?

Für Hunde besteht im Wald grundsätzlich sowohl auf als auch abseits der Wege kein Leinenzwang, eben so wenig in der freien Landschaft. Sondervorschriften können dieses Recht allerdings einschränken: So müssen in einigen Ländern die Hunde im Wald abseits von Wegen angeleint werden, gleiches gilt für Naturschutz- und Landschaftsschutzgebiete. Die entsprechenden Vorschriften sind meist am Rand der Schutzgebiete veröffentlicht.
Leinen Sie Ihren Hund vor allem dann an, wenn er nicht zuverlässig gehorcht und die Gefahr des Wilderns besteht.

Unterwegs in der Stadt

In der Stadt gibt es viel Trubel, jede Menge Gerüche und Menschen. Das Reizumfeld und die Ablenkung sind hoch. Definitiv ein interessanter und auch

empfehlenswerter Übungsplatz. Wagen Sie sich an diese Herausforderung jedoch erst heran, wenn Ihr Hund ein routinierter Schnüffler ist.

Das optimale Umfeld

Egal wo Sie unterwegs sind – machen Sie das Schnüffeln am Anfang Ihrem Hund nicht zu schwer:
› Ihr Hund schnüffelt auf einem weichen Boden bestimmt leichter als auf Asphalt oder zwischen groben Ackerschollen.
› Besonders kniffelig sind frisch gemähte Wiesen: Traktorspuren sorgen dort ebenso für Verwirrung wie die zahlreichen abgeschnittenen Gräser, die sich gerade in einem Gärungsprozess befinden.
› Im freien Feld können Sie besser den Überblick bewahren. Hier sehen Sie leicht, wenn sich andere Menschen oder Tiere nähern.
› Vermeiden Sie dichtes Unterholz mit Brombeeren oder stachelige Hecken mit Schlehen und Kreuzdorn. Auch wenn Sie mit Wanderschuhen darüberstehen – Ihr Hund steckt mittendrin!

Die ersten Fährten

Damit Ihr Hund an die Arbeit gehen kann, müssen Sie zuerst eine Fährte legen. Deren Verlauf sollten Sie auch während Ihrer Schnüffelrunde optisch nachvollziehen können. Nur so können Sie erkennen, ob Ihr Hund der richtigen Spur nachgeht.

Vorbereitungen

Denken Sie sich bereits zu Hause eine Schrittfolge aus und schreiben Sie diese auf einen Zettel, den

Sie am Startpunkt herausholen und ablaufen. Etwa so: »Vom Abgang 20 Schritte geradeaus, 90° Winkel nach rechts, 15 Schritte geradeaus ...«. Später können Sie auch eine Bleistiftskizze auf dem Papier anfertigen, auf dem Sie markante Geländepunkte vermerken. Das erleichtert die Orientierung!

Wer legt die Spur?

Die ersten Male sollten Sie selbst die Spur legen. Auf diese Weise prägen Sie sich den Verlauf besser ein. Sind Ihr Hund und Sie ein eingespieltes Team, kann ein Helfer für Sie Spuren legen. Sie tun sich leichter, wenn Sie zur Markierung identische Zeichen verwenden (→ Seite 45)!

Wie verläuft die Spur?

Die Spur soll zu Trainingsbeginn sehr deutlich sein – je mehr Duftpartikel auf der Spur, umso einfacher. Setzen Sie einen Fuß vor den anderen, sodass sich die Spuren berühren. Je langsamer Sie gehen, desto intensiver der Geruch des Suchobjekts, das Sie als Schleppe (→ Seite 38) hinter sich herziehen. Am Ende verstecken Sie das zu suchende Objekt irgendwo am Boden. In einem Bogen, ohne die Fährte noch einmal zu berühren, gehen Sie dann zurück und holen den Hund.

› Hat Ihr Hund etwas mehr Routine, können Sie wieder normal große Schritte machen.

› Später entfällt die Schleppe, Sie tragen das Objekt nur noch in der behandschuhten Hand.

Der Startpunkt der Fährte sollte für Mensch und Hund deutlich markiert und erkennbar sein.

Wo wartet der Hund?

› Anfangs sollte eine Hilfsperson während des Fährtenlegens mit Ihrem Hund ungefähr zwei Meter neben dem Startpunkt warten. Von dort kann er Sie ohne Ablenkung beobachten.

› Ist Ihr Hund mit den Abläufen vertraut, steigern Sie den Schwierigkeitsgrad und lassen ihn im Auto oder zu Hause warten oder Sie bitten eine zweite Person, mit ihm so lange spazieren zu gehen. Haben Sie die Fährte gelegt, holen Sie ihn, gehen gemeinsam mit ihm zum Startpunkt und beginnen das Startritual (→ Seite 47).

Die Länge der Strecke

Steigern Sie die Fährtenlänge ganz langsam. Fangen Sie mit etwa zehn Metern an. Schnüffelt Ihr Hund die ganze Spur konzentriert aus, steigern Sie die Länge um jeweils zwei Meter. Überfordern Sie Ihren Hund nie, damit er nicht den Spaß verliert.

Winkel, Geraden, Kurven

Gestalten Sie den Fährtenverlauf durch Winkel und Kurven immer spannend. Bedenken Sie: Riechen kann der Hund bereits perfekt, lernen soll er das konstante Verfolgen einer Duftspur. Leichter ist es für ihn, wenn Sie zu Beginn große Kurven laufen, die einfach zu erschnüffeln sind. Zick-Zack-Läufe auf kleinen Distanzen würden viele Geruchspartikel bedeuten, die sich gegenseitig überlagern und den Hund irritieren könnten.

› Variieren Sie zusätzlich den Untergrund: Ihr Hund kann Erfahrungen mit unterschiedlichen Bodenarten sammeln.

› Sorgen Sie zur Steigerung des Schwierigkeitsgrads für Verleitfährten. Damit bezeichnet man Trittspuren einer anderen Person, die absichtlich die eigentliche Fährte mehrmals kreuzen.

Ihr Hund braucht auf langen Touren oder bei heißem Wetter regelmäßig frisches Wasser – allerdings nicht zu viel, sonst liegt es schwer im Magen.

Wäscheklammern **zur Orientierung**

Wo ist die Fährte? Ihr Hund kann diese Frage mit der Nase lösen. Sie tun sich mit optischen Hinweisen leichter. Markieren Sie sich die Strecke doch einfach mit farbigen Wäscheklammern.

RICHTUNGSANZEIGE Eine rote Klammer zeigt an, dass die Spur nach links abbiegt, eine grüne verweist nach rechts. Blaue Klammern bedeuten: weiter geradeaus.

ENTFERNUNGSANZEIGE Zahlen auf den blauen Klammern zeigen zusätzlich an, wie weit das Ziel noch entfernt ist. Sie werden mit absteigender Zahl an Sträuchern und Gehölzen befestigt. Eine »5« bedeutet, dass noch fünf weitere Klammern bis zur Null folgen. Dieses Wissen gibt Sicherheit!

So geht's: eine Suche von A bis Z

Sie erleichtern Ihrem Hund die konzentrierte Arbeit, wenn Sie ihn durch immer wiederkehrende Rituale und Startsignale darauf vorbereiten. Einmal festgelegt, sollte es keine Abweichungen mehr geben – auf diese Weise gewinnt der Hund an Sicherheit.

Gelassen an den Start

Ihr Hund sollte entspannt ans Werk gehen. Dazu gehört nicht nur gute Laune und Motivation. Vor seiner Aufgabe soll er sich auch in aller Ruhe lösen und frei schnuppern können sowie die ihm vielleicht unbekannte Umgebung erst einmal erkunden. Lassen Sie ihm Zeit, danach wird er sich umso weniger durch äußere Einflüsse ablenken lassen!

Der Abgang

Nutzen Sie die Orientierungszeit Ihres Hundes, um den Startpunkt zu markieren und für den Hund kenntlich zu machen. Markieren Sie den Startpunkt deutlich auf dem Boden, etwa mit einem breiten

Kinder haben Freude daran, wenn »ihr« Hund sie beim gemeinsamen Spaziergang sucht. Solche Versteckspiele bringen nicht nur Spaß in den Alltag, sondern fördern auch die Hund-Kind-Beziehung.

Stock oder einem Stück Flatterband. Letzteres hat den Vorteil, dass es auf allen Untergründen wie Wiesen, Straßen oder Waldböden eingesetzt werden kann und optisch einwandfrei als Abgang zu identifizieren ist. Befestigen Sie das Band eventuell mit Heringen im Boden, damit es nicht wegfliegt.

Das Startritual

Ab jetzt kommt Ihr Hund ins Spiel:

› Positionieren Sie ihn immer an der gleichen Stelle, indem Sie sich breitbeinig vor das ausgelegte Flatterband stellen.

› Beugen Sie den Oberkörper nach vorn, sodass Sie den Hund durch Ihre Beine sehen können. Rufen Sie seinen Namen und locken Sie ihn mit einem Leckerchen durch Ihre Beine.

› Richten Sie sich in diesem Moment auf. Halten Sie das Leckerchen eng an Ihrem Körper etwas höher als Hundenasenhöhe. Ihr Liebling wird sich danach recken und reflexartig hinsetzen. In diesem Moment geben Sie das Signal »Mitte«. Er sitzt jetzt mittig zwischen Ihren Beinen vor der Startlinie.

› Ist es dem Hund unangenehm, zwischen Ihren Beinen hindurchzugehen, so zwingen Sie ihn nicht dazu. Alternativ können Sie ihn links oder rechts neben sich in die Bei-Fuß-Stellung bringen. Der Hund sitzt auch in diesem Fall vor der Startlinie.

› Unerfahrene Hunde führen Sie direkt zum Abgang. Ist Ihr Hund nach vielen Wiederholungen zum Profi geworden, können Sie ihn den Abgang selbst suchen lassen, dazu distanzieren Sie sich langsam immer weiter vom Flatterband.

› Sitzt Ihr Hund startbereit, treten Sie zur Seite und legen ihm sein Arbeitsgeschirr an. Dann befestigen Sie die Suchleine. Erst jetzt geben Sie dem Hund, zeitgleich mit dem Geruchsmuster, das Kommando »Schnüffel«. Die Suche kann beginnen.

Schnitzeljagd – ein Spaß für Kinder

TIPPS VON DER
SCHNÜFFEL-EXPERTIN
Kristina Falke

Keine Idee für den nächsten Kindergeburtstag? Spannen Sie einfach Ihren Hund mit ein und veranstalten Sie eine Schnitzeljagd.

VORBEREITUNGEN Sie legen eine normale Fährte, deren Verlauf Sie für die Kinder deutlich kennzeichnen. Bauen Sie Zwischenstationen ein. Es sollten so viele sein, wie Kinder teilnehmen.

JETZT GEHT'S LOS Ein Kind bekommt am Start den angeleinten Hund. Er riecht das Geruchsmuster des Schatzes und nimmt die Fährte auf.

ETAPPENSPIELE Der Hund führt die Kinder zur ersten Station, dort lösen beide gemeinsam eine Aufgabe. Der Hund muss beispielsweise Pfötchen geben. Dann wird gewechselt, und ein anderes Kind bringt den Hund mit Hilfe des Geruchsmusters wieder auf die Fährte bis zur nächsten Station, an der eine weitere Aufgabe auf das Kind-Hund-Team wartet. Seien Sie kreativ!

JEDER DARF MAL Alle Kinder sollten den Hund mindestens einmal führen können, bevor der Hund oder die Kinder die Schatztruhe erreicht haben und die Belohnung gerecht teilen!

Körpersprache Mensch

Ab jetzt sollten Sie sich möglichst im Hintergrund halten. Während Ihr Hund schnüffelt, wird er Sie beobachten und darauf achten, ob Sie ihm unbewusst die Richtung weisen. Um zu verhindern, dass Ihr Hund mit seinen Augen sucht, anstatt seine Nase einzusetzen, sollten Sie Folgendes beachten:

Durch Hinlegen zeigt dieser Hund an, dass er mit dem halb in der Erde vergrabenen Löffel das Ende der Fährte erreicht hat.

› Gehen Sie immer hinter dem Hund.
› Bleiben Sie stehen, wenn er innehält.
› Schauen Sie immer auf eine bestimmte Stelle,

etwa auf den Hunderücken. So verraten Ihre Augen nicht die Richtung, in die es weitergeht. Ihr Körper sollte sich der Laufrichtung des Hundes anpassen, nicht der Lage des Suchgegenstandes.
› Haben Sie die Spur selbst gelegt, wissen Sie, wo der nächste Richtungswechsel kommt. Halten Sie Ihre Geschwindigkeit und signalisieren dem Hund nicht durch langsameres Gehen, dass Sie eine Richtungsänderung von ihm erwarten. Korrigieren Sie nicht die Richtung, indem Sie bewusst oder unbewusst die Leine enger nehmen.
› Können Sie nicht verhindern, dass Sie sich durch die eigene Körpersprache verraten, so bitten Sie einen Helfer, die Spur zu legen.
› Zum Abschluss einer erfolgreichen Suche soll Ihr Hund das Objekt immer anzeigen. Jetzt sind natürlich ein großes Lob und eine Belohnung fällig.

Sorgen Sie für Ablenkung

Hat Ihr Hund eine gewisse Routine erreicht, steigern Sie den Schwierigkeitsgrad, indem Sie mit anderen Gerüchen präparierte Bierdeckel auslegen. Diese haben Sie bereits zu Hause vorbereitet. Verteilen Sie die Geruchsattrappen in Abständen auf der Fährte. Der Hund darf daran verweilen und an diesen schnüffeln. Im Optimalfall lässt er sich aber nicht beirren und sucht weiter die richtige Spur. Zeigt Ihr Hund die Attrappe an, ignorieren Sie sein Verhalten. Geben Sie ihm Zeit festzustellen, dass er auf der falschen Fährte ist. Verharrt der Hund an der Stelle, setzen Sie das »Nöö-nöö« ein und lassen ihn nochmals am Geruchsmuster schnüffeln.

Mitten im Leben

Steigern Sie nicht nur die Reize auf der Fährte, sondern auch die Umgebungsreize: Lassen Sie Ihren Hund an belebten Orten schnüffeln. Artgenossen,

Menschen und Tiere, Fahrräder und Autos bieten genug Möglichkeiten, Ihren Hund unter Extrembedingungen beim Schnüffeln zu beobachten. Die Reize sollten langsam an den schnüffelnden Hund angenähert werden. So erkennen Sie, ab welcher Distanz der Reiz zu nah am Hund ist und er sich dadurch ablenken lässt. Wenn Sie mit einer Gruppe von Schnüfflern unterwegs sind, können wartende Personen für Ablenkung sorgen.

› Setzen Sie auf kreative Verstecke für das Suchobjekt. Bäume, Laubhaufen und Mauern eignen sich dazu. Gerade Terriern können Sie eine Freude machen, wenn Sie den Suchgegenstand vergraben.

Kleine Fingerzeige sind erlaubt

Mit steigendem Schwierigkeitsgrad ist Ihr Hund hin und wieder auf Ihre Hilfe angewiesen, damit er Erfolg hat und seine Motivation nicht schwindet. Beeinflussen Sie ihn positiv:

› Nutzen Sie richtige Highlights für den Hund als Suchobjekte, etwa einen Käse, den er besonders liebt. Setzen Sie diesen vermehrt auf der Fährte ein, und zwar vorzugsweise in den Abschnitten, die für ihn neu sind. Das können Winkel sein, die Sie ihm schmackhafter machen, indem Sie dort mehrere Käsestücke auf die Spur legen.

› Motivieren Sie ihn über die Stimme, indem Sie jeden Schritt in die richtige Richtung auf der Fährte loben. Es darf auch gestreichelt werden, wenn es den Hund nicht zu sehr von der Aufgabe ablenkt.

› Schenken Sie ihm besonders viel Aufmerksamkeit, wenn er sein Suchgeschirr trägt.

Spaßfaktor nicht vergessen

Erkennen Sie bei Ihrem Hund Stress während der Fährte und können ihn auch durch kleine Hilfen wie »Nöö-nöö« nicht auf die richtige Fährte bringen, so brechen Sie diese ab. Geben Sie ihm das Signal »Sitz«. Sitzt er, holen Sie den Suchgegenstand und legen diesen, gespickt mit einem Leckerchen obendrauf, einen halben Meter sichtbar vor ihn. Dann schicken Sie ihn hin und loben ihn ausgiebig. Vermitteln Sie ihm keinesfalls das Gefühl, versagt zu haben. Danach bekommt er seine wohlverdiente Pause und Sie gehen nach Hause.

Baumstämme, die auf der Spur liegen, stellen kein Hindernis für Ihren Nasenprofi dar. Bauen Sie derartige Ablenkung mit ein.

Highlights für jeden Hund

Haben Sie Lust auf noch mehr Abwechslung? Dann üben Sie doch einfach an einem ganz neuen Platz oder zu einer anderen Zeit. Gerade an heißen Tagen freut sich Ihr Hund, wenn er am oder im Wasser suchen darf. Schwimmen begünstigt den Aufbau der Muskulatur, stärkt das Herz-Kreislauf-System – und macht einfach viel Freude!

Voraussetzung für den Wasserspaß ist natürlich, dass der Hund gesund ist und dass er gerne ins Wasser geht. Zwingen sollten Sie ihn nicht – auch unter den Hunden gibt es überzeugte Nichtschwimmer. Loben Sie ihn aber auf jeden Fall, wenn er sich traut und sich die Pfoten nass macht.

Vorsicht an Gewässern

Bevor Sie Ihren Hund ins Wasser schicken, sollten Sie sich vergewissern, dass sich unter der Wasseroberfläche nichts Spitzes oder Hartes befindet, an dem sich Ihr Hund bei einem kühnen Sprung ver-

letzen kann. Um ein Verheddern im Schilf oder in Pflanzen zu vermeiden, nehmen Sie Ihrem Hund vorher vorsichtshalber das Halsband ab.

Bei tiefen Außen- und Wassertemperaturen sollten Sie den Hund nach dem Baden trockenrubbeln. Eine Erkältung soll er schließlich nicht bekommen! Nehmen Sie im Frühjahr außerdem Rücksicht auf Wassertiere, die eventuell in der Nähe brüten.

Spuren im Wasser

Um eine Fährte zu legen, sollten Sie Gummistiefel anziehen. Oder Sie gehen zum Schwimmen mit ins Wasser und ziehen das Dummy hinter sich her. Völlig wetterunabhängig sind Sie mit einer Reizangel, an deren Schnur Sie das Suchobjekt anhängen können. Ihre Reichweite erweitert sich dadurch enorm! Üben Sie anfangs vor allem in stehenden Gewässern. Da besteht nicht die Gefahr, dass Ihr Hund von der Strömung davongetragen wird. Zur Anzeige brauchen Sie Varianten zur »Landarbeit«:

› Ist das Wasser so tief, dass der Hund nicht stehen kann, muss er den Suchgegenstand apportieren. Verwenden Sie beispielsweise leichte, bunte Wasserdummys. Die schwimmen auf der Oberfläche, und der Hund kann sie gut herausziehen. Manchen Hunden macht auch das Tauchen Spaß! Für solche Wasserratten kann das Suchobjekt auch unter der Wasseroberfläche deponiert sein.

› Steht der Hund knietief im Wasser, kann er seinen Fund durch ein »Sitz« oder durch Bringsel-

Wasserratten aufgepasst! Eine Fährte kann durchaus auch mal auf dem Wasser verlaufen.

verweisen anzeigen. Bedenken Sie, dass die Bewegung im Wasser sehr viel anstrengender ist als an Land. Machen Sie also Schluss, bevor er erschöpft ist, trocknen Sie ihn ab, geben Sie ihm frisches Wasser und lassen Sie ihn erst einmal ausruhen.

Nachtsuche

Sind Sie durch Ihren Job tagsüber meistens eingespannt? Dann können Sie Ihre Umwelt und die Schnüffelkunst Ihres Hundes durchaus bei Nacht bzw. in der Dämmerung erleben. Für Sie als auch für Ihren Hund wird das eine tolle Erfahrung sein. Nachtaktive Tiere machen nämlich Geräusche, die für alle Beteiligten ungewohnt sind. Geben Sie Ihrem Hund genug Zeit, sich an die neue Situation zu gewöhnen, dann kann er sich hinterher besser aufs Schnüffeln konzentrieren.

Hat Ihr Hund Angst in der Dämmerung, dann sollten Sie ihn nicht zur Nachtsuche zwingen. Er könnte sonst seine Angst auf das Schnüffeln projizieren.

In der Dunkelheit unterwegs

Im Dunkeln sehen Sie schlechter, auch Ihre Mitmenschen nehmen Sie erst spät wahr.

› Sichern Sie Ihren Hund vor Unfällen, indem Sie beide Seiten des Geschirrs mit Reflektoren bestücken. Ein Leuchthalsband – eventuell mit Blinklicht versehen – trägt ebenfalls zur Sicherheit bei.

› Markieren Sie auch die Schleppleine mit Reflektoren. So können Sie und Ihre Begleiter sich nicht darin verheddern. Geben Sie Ihrem Hund nur so viel Leine, wie Sie auch ohne etwas zu sehen kontrollieren können, etwa drei Meter reichen aus.

› Denken Sie auch an Ihre eigene Sicherheit: Eine reflektierende Warnweste sowie eine Sicherheitshose mit daran befestigten Katzenaugen sollten unbedingt zu Ihrer Ausstattung gehören.

Ihr Hund sollte im Dunkeln gut erkannt werden. Eine Warnweste mit Reflektoren gehört da zwingend zur Ausstattung.

› Nehmen Sie für den Notfall eine Taschen- oder Stirnlampe mit. Lassen Sie aber Ihren Augen Zeit, sich an die Dunkelheit zu gewöhnen – dazu kommt es nicht, wenn die Lampe immer angeschaltet ist.

› Im Dunkeln müssen Sie nicht nur den Hund beobachten, sondern auch aufpassen, nicht zu stolpern. Legen Sie deshalb die Spur die ersten Male am besten selbst, und zwar bei Helligkeit. So können Sie sich in aller Ruhe die Fährte einprägen.

› Legt ein Helfer die Fährte, sollten Sie vorher Absprachen treffen. Wäscheklammern können Sie im Dunkeln schnell übersehen, besser sind Skizzen, auf denen besondere Merkmale – etwa ein Hochsitz oder Straßenschilder – vermerkt sind.

› Fühlen Sie sich im Dunkeln nicht wohl oder verunsichert, dann ziehen Sie in Begleitung los. Ein sicheres und selbstbewusstes Auftreten Ihrerseits ist wichtig für die erfolgreiche Suche des Hundes.

Die Suche nach Herrchen oder Frauchen

Besonders gern wird sich Ihr Hund auf die Suche nach Ihnen begeben – Sie sind seine Bezugsperson, zu Ihnen besteht die engste Bindung.

Ein neues Team

Bis jetzt haben stets Sie Ihren Hund bei der Suche begleitet. Jetzt benötigen Sie einen Helfer, denn Sie müssen sich ja am Ende der Fährte verstecken.

› Für diese Variante der Schnüffelarbeit sollte eine harmonische und vertrauensvolle Bindung zwischen Helfer und Hund bestehen. Ihr Helfer sollte Sie schon öfter auf Ihren Spaziergängen begleitet haben und wissen, wie der Hund reagiert.

› Ihr Helfer benutzt die gleichen akustischen Signale wie Sie. Auch eventuelle Handzeichen sollten mit Ihren übereinstimmen. Die Markierungen, die Sie für die Fährte verwenden, sollte er kennen.

› Nehmen Sie sich Zeit, den Helfer in das richtige Handling der Schleppleine einzuweisen. Der Hund soll durch den »Fremden« am anderen Ende nicht verunsichert werden. Die Startrituale sollten exakt den Ihren entsprechen.

Ein städtisches Umfeld hat Ihrem Hund viele Reize zu bieten. Seine Nase muss Höchstleistungen erbringen, wenn er seine Aufgabe erfüllen ...

Die Fährte wird gelegt

Um die Spur zu legen, brauchen Sie Gegenstände, die Ihren individuellen Geruch tragen, wie Mütze oder Schal. Dieses Mal müssen Sie keine Einmalhandschuhe tragen – Ihr Geruchsmuster haftet schließlich an allen Suchobjekten. Jetzt legen Sie die Fährte und deponieren die Fundstücke entlang der Strecke – sie spornen Ihren Hund bei der Suche an. Dann informieren Sie, am besten über das Handy, Ihren Helfer, dass die Suche beginnen kann. Nach dem Startritual gibt er dem Hund den Befehl: »Schnüffel« und nennt dazu Ihren Namen. Mit dem Hund geht er die Strecke ab und achtet darauf, dass die Gegenstände korrekt verwiesen werden. Hat Ihr Hund Sie schließlich gefunden, so sollten auch Sie auf eine korrekte Anzeige bestehen. Hat Ihr Hund Spaß an der Personensuche, so können Sie auf diese Weise auch andere Familienmitglieder suchen lassen. Holen Sie beispielsweise Ihre Kinder von der Schule ab, so können Sie Ihren Hund den Weg problemlos suchen lassen – als Schnüffelprobe reicht die Mütze eines Kindes.

Erschwerte Bedingungen

Ein spezielles Highlight und pures Gehirnjogging für den Hund ist eine Suche in der Stadt. Für die Hundenase ist sie voller geruchlicher »Verleitungen«: Essensgerüche, viele Menschen und Hunde, dazu ein dichtes Gedränge: Ein wahrer Dufttornado bricht über Ihren Hund herein. Etwas »Einstimmung« ist da auf jeden Fall notwendig:

> Fangen Sie in ruhigen Nebenstraßen an.
> Lassen Sie die Suche vorerst zu einer Zeit stattfinden, wenn die Geschäfte geschlossen haben: Die Gerüche sind dann zwar noch vorhanden, doch die Menschenmenge fehlt, und der Hund kann sich besser auf Ihre Geruchsnote konzentrieren.
> Gehen Sie eine gewisse Strecke durch die Stadt und setzen Sie sich dann auf eine Bank.
> Ihr Helfer gibt dem Hund eine Geruchsprobe von Ihnen und lässt ihn dann schnüffeln.
> Hat der Hund Sie gefunden, so bestehen Sie auf die korrekte Anzeige und belohnen ihn dann.

... und sein Herrchen finden soll. Die Wiedersehensfreude ist dann auf jeden Fall riesengroß.

Es klappt nicht!

Immer wieder passiert es, dass etwas im Training nicht klappt. Und das obwohl Sie sich genau an die Tipps in diesem Buch gehalten haben. Verlieren Sie deshalb nicht den Mut. Lesen Sie nach, ob die Ratschläge, die auf den folgenden Seiten für »Problem-Klassiker« beschrieben sind, Ihnen weiterhelfen.

Schema F gibt es nicht

Ihr Hund will Sie nicht ärgern und macht nicht absichtlich etwas falsch! Diesen Satz sollten Sie sich immer wieder ins Gedächtnis rufen. Zeigt Ihr Vierbeiner bei der Schnüffelarbeit ein Verhalten, das Sie stört, so hat er noch nicht verstanden, was Sie von ihm erwarten, und weiß nicht, wie er sich das begehrte Leckerchen erarbeiten kann. Beides sind Dinge, deren Problemlösung an Ihnen liegt! Überprüfen Sie mit Hilfe Ihrer Videoaufzeichnungen und Tagebücher noch einmal mögliche Fehlerquellen. Analysieren Sie zunächst Ihr eigenes Verhalten, Ihre Körpersprache, die Kommunikation über die Leine, aber auch Ihre Stimmung. All diese Faktoren können für Erfolg oder Misserfolg verantwortlich sein. Beobachten Sie anschließend Ihren Hund auf die gleiche Weise. Zu guter Letzt bewerten Sie die äußeren Umstände wie Wetter, Temperatur, Bodenverhältnisse, Markierungen und Fährte.

Einfach mal abschalten

Haben Sie das Gefühl, dass bei Ihnen oder Ihrem Hund ein Knoten im Hirn vorhanden ist, der sich einfach nicht auflösen will? In diesem Fall sollten Sie beide erst einmal Abstand von Ihrem Problem gewinnen. Das ist ganz einfach: Legen Sie eine Trainingspause ein. Es gibt viele andere Arten, mit denen Ihr Vierbeiner und Sie sich gut und sinnvoll die Zeit vertreiben können: Wie wäre es beispielsweise mit einfachen Gehorsamsübungen, mit Agility oder gemeinsamen Jogging-Runden? Oder suchen Sie einfach neue Spazierwege abseits der gewohnten Routen, auf denen Sie entspannen können und Ihr Hund etwas Neues zum Schnüffeln findet. Vielleicht hat sich nach der Trainingspause das Problem dann einfach in Luft aufgelöst. Wenn nicht, dann können Sie es nach zwei oder drei Wochen mit frischem Mut erneut angehen.

Problemlösungen für die Schnüffelarbeit

Auf den folgenden Seiten beschreibe ich einige Situationen, mit denen viele Hundebesitzer bei der Schnüffelarbeit immer wieder kämpfen. Haben Sie sich bisher an den vorgeschlagenen Trainingsaufbau gehalten, so sollte sich jedes Problem eigentlich schnell bereinigen lassen. Meistens reicht es, einfach wieder einen Schritt zurückzugehen und das bisher Gelernte zu festigen. Verlieren Sie nicht den Mut, bleiben Sie motiviert!

Mein Hund stürzt sich sofort aufs Ziel

Problem Der Hund ignoriert die Fährte und arbeitet nur mit den Augen, um möglichst rasch das Suchobjekt zu finden.

Lösung Tricksen Sie Ihn einfach aus, indem Sie zusätzliche Leckerchen in Ihre nächste Spur legen. Läuft er dann wieder schnurstracks zum Ziel, ohne Ihrer Spur Beachtung zu schenken, gehen Sie anschließend mit ihm gemeinsam die Strecke noch einmal ab und zeigen ihm, was er alles »überrochen« hat. Ihr Hund wird sich kein zweites Mal »sagen« lassen, was er alles nicht gefunden hat.

Mein Hund bleibt ständig stehen

Problem Der Hund unterbricht seine Suche und wendet sich zu Ihnen um.

Lösung Ihr Hund sucht Blickkontakt zu Ihnen. Es könnte sein, dass Sie ihm unbewusst die Richtung vorgegeben haben und er sich daran orientiert. Besser, Sie lassen keine verräterische Körperhaltung zu. Verlegt er seinen Fokus wieder auf die Spur, motivieren Sie ihn mit Worten weiterzusuchen. Geben Sie ihm nicht erneut das Signal zur Suche. Den Auftrag erhält er nur in dem Moment, wo er das Geruchsmuster einatmet, denn dann können Sie sicher sein, dass er gerade das richtige schnüffelt. Zum anderen könnte eine zu häufige Aufforderung den Hund unter Druck setzen, wenn er Ihren Anforderungen nicht gerecht wird – das würde ihn verständlicherweise frustrieren.

Lässt Ihr Hund sich von etwas ablenken, dann trainieren Sie in einem größeren Abstand weiter.

Mein Hund lässt sich ablenken

Problem Der Hund konzentriert sich nicht auf die Fährte, sondern lässt sich durch andere Hunde oder Geräusche von der Fährte abbringen.

Lösung Ziehen Sie als Erstes Ihr Trainingstagebuch zurate. Haben Sie das Training unter Ablenkung zu schnell gesteigert, sodass Außenreize einen starken Einfluss auf Ihren Vierbeiner haben? Finden Sie dann die Bedingungen heraus, unter denen Ihr Hund am besten arbeitet. Fangen Sie ausgehend von dieser Situation an, Ablenkungen einzubauen. Beginnen Sie mit Hilfspersonen, die sich in weiter Entfernung von Ihrem Hund aufhalten. Bitten Sie sie dann, so nahe heranzukommen, bis Ihr Hund sich ablenken lässt. Das ist die Reizschwelle, an der das weitere Training beginnt. Der Statist geht einen halben Meter zurück und bewegt sich auf und ab – immer an dieser Entfernungsgrenze, aber so, dass der Hund Ihrer Spur folgt und sich nicht weiter für ihn interessiert. Die Hilfsperson verhält sich passiv. Sie sieht den Hund nicht an, spricht ihn nicht an und fasst ihn nicht an. Ihr Vierbeiner wird bald merken, dass Schnüffeln viel interessanter ist, als sich mit einem Fremden zu beschäftigen. Trainieren Sie dann mit Kindern, Joggern und anderen »Störfaktoren« genauso weiter. Lenken andere Hunde ab, so bitten Sie einen Helfer, mit einem möglichst ruhigen Hund angeleint in Ihrer Nähe spazieren zu gehen.

Mein Hund zeigt nicht richtig an

Problem Ihr Hund ist voller Euphorie und »vergisst« vor lauter Aufregung, dass er das Suchobjekt anzeigen muss oder er zeigt es immer wieder auf unterschiedliche Weise an.

Lösung Ein solches Verhalten tritt vor allem bei sehr aktiven, jungen und übereifrigen Hunden auf.

Mein Hund **sucht zu schnell**

TIPPS VON DER
SCHNÜFFEL-EXPERTIN
Kristina Falke

Was man gerne macht, macht man aus voller Überzeugung. Aus diesem Grund, kann das Arbeitstempo des Hundes bei der Schnüffelarbeit auch in einen flotten Trab übergehen – bei dem Sie vielleicht Probleme haben mitzuhalten.

KOMPROMISS FINDEN Ihr Hund soll den Spaß durch Ihr kontinuierliches Bremsen nicht verlieren. Allerdings darf das hohe Grundtempo nicht dazu führen, dass er schlampig arbeitet. Sie sollen außerdem durch das Lauftempo nicht überfordert sein oder sich gar verletzen.

UNTERFORDERUNG Sucht Ihr Hund sehr schnell, ist er eventuell unterfordert. Vielleicht können Sie Abhilfe schaffen, indem Sie die Fährte anspruchsvoller gestalten.

AUSZEIT Mittelfristig führen Sie das Signal »Stopp« ein. Auf dieses Kommando sollte der Hund stehen bleiben, und Sie können sich eine kleine Auszeit zur Orientierung gönnen. Erst auf ein weiteres Signal, etwa »Weiter«, darf der Hund die Fährte wieder aufnehmen und verfolgen.

› Gehen Sie zurück zum Grundtraining der Anzeige. Üben Sie ohne Ablenkung, am besten zu Hause, im bekannten Umfeld, die Anzeige erneut. Überlegen Sie, ob die gewählte Art der Anzeige zu Ihrem Hund passt. Vielleicht liegt ihm ein Apportieren des Gegenstands besser als ein »Platz«?

› Arbeiten Sie die Anzeige noch einmal gut aus. Sie dürfen die Ablenkung erst steigern, wenn Ihr Hund zu Hause ohne Reizeinwirkung jeden Gegenstand hundertprozentig richtig anzeigt. Seien Sie pingelig. Die Änderung der Ausgangssituation sollte in kleinen Zwischenschritten so gesteigert werden, dass Ihr Hund nie unkontrollierbar wird. Gerade aktive Hunde erkennen schnell, dass sie nur eine Belohnung erhalten, wenn die Anzeige korrekt ist. Geben Sie ihm die nötige Zeit, das zu verstehen! Ein Tipp: Achten Sie darauf, dass Ihr Hund alle von Ihnen gegebenen Signale genauso ausführt, wie Sie das wollen. Gerade aktive Hunde

Voller Elan hat Ihr Hund das Zielobjekt erschnüffelt, zeigt es aber nicht richtig an. Üben Sie unabhängig von der Fährte die richtige Anzeige.

wollen sich gern vor der Anzeige drücken, weil sie weiter auf der Fährte arbeiten wollen. Zum Feinschliff eignet sich auch der Clicker (→ Seite 22/23).

Mein Hund sucht nicht bis zum Ende

Problem Der Hund wirkt gestresst oder unmotiviert. Er arbeitet die Fährte nicht bis zum Ende aus.

Lösung Eigentlich ist es an diesem Punkt schon zu spät, denn man soll aufhören, wenn es am Schönsten ist. Sobald Sie merken, dass Ihr Vierbeiner nicht mehr eifrig bei der Sache ist und Sie ihn nicht mehr motivieren können, sollten Sie ihm Unterstützung bieten. Zur Not dürfen Sie die Spur auch mit Leckerchen schmackhafter aufbereiten. Loben Sie ihn – Sie dürfen alle Register ziehen. Wenn möglich, erklären Sie das nächste Leckerchen zum Ende der Fährte und brechen die Suche dann einfach ab.

› Legen Sie in Zukunft kürzere Fährten, sodass der Hund immer bis zum Ende suchen kann. Steigern Sie dann die Distanz nur schrittweise.

› Um die Motivation des Hundes zu steigern, raten professionelle Fährtensucher, immer wieder einmal den Hund vor dem Ende von der Spur abzurufen. Der Hund riecht, dass die Fährte noch weitergeht, muss sie aber aufgeben. Das bedeutet, dass er sich auf das nächste Mal umso mehr freuen wird: Dann kann er wieder das Suchobjekt wie gewohnt anzeigen und eine Belohnung ergattern.

Ich habe kein Vertrauen in den Hund

Problem Sie laufen Ihrem Hund hinterher und kommen plötzlich an eine Stelle, an der Sie zweifeln, wo die Spur weitergeht. Durch Ihre Körpersprache und ein Kürzernehmen der Leine signalisieren Sie Ihrem Hund, dass Sie unsicher sind.

Lösung Haben Sie Zweifel, ob Ihr Hund auf der richtigen Spur ist, so sollten Sie sich nur auf Strecken bewegen, deren Verlauf Sie genau kennen. Je mehr Sie sich nämlich einmischen, desto mehr Verantwortung übernehmen Sie aus Sicht des Hundes und desto mehr wird er Sie in seiner weiteren Schnüffelkarriere »fragen«. Da Sie aber einen selbstständigen Schnüffler wollen, der geistig ausgelastet wird und selbstsicher arbeitet, haben Sie nur eine Alternative: Sie schenken ihm Vertrauen. Im schlimmsten Fall können Sie bei einer von einem Helfer gelegten Fährte immer noch diesen anrufen. Sie werden überrascht sein, wie häufig Sie trotz Ihrer Zweifel am richtigen Ziel ankommen.

Sie können sich zusätzlich absichern, indem Sie Ihrem Hund erst einmal nur auf kürzeren Strecken blind vertrauen und diese nach und nach verlängern. Das Nicht-Kennen der Strecke ist für Sie und den Hund wichtig, da Sie Ihrem Hund auf diese Weise eine Spur nicht durch Ihre Körperhaltung oder die Blickrichtung Ihrer Augen verraten. Sie sind neutral und können den Hund weder positiv noch negativ beeinflussen. Je mehr Erfolg Sie und Ihr Hund gemeinsam haben, desto mehr wächst Ihr Vertrauen. Erzwingen können Sie es nicht, geben Sie sich selbst Zeit und Ihrem Hund die Chance, sein Können unter Beweis zu stellen.

Ich verlaufe mich ständig

Problem Mein Hund macht das klasse, aber ich verliere ständig die Orientierung und finde beispielsweise nicht zum Ausgangspunkt zurück.

Lösung Stimmen Sie sich mit Ihrem Helfer besser ab, indem Sie vor der Suche die Markierungen noch einmal durchgehen. Alle Farben der Wäscheklammern (→ Seite 45), Winkel und Kurven sollten eindeutig definiert sein. Wenn Sie mit den Winkeln Schwierigkeiten haben, besorgen Sie sich weitere farbige Klammern und definieren Sie Winkel so,

Wo verläuft die Fährte? Üben Sie sich in Geduld und schenken Sie Ihrem Nasenprofi ruhig das Vertrauen, dass er Sie auf den richtigen Weg führt.

dass beispielsweise eine weiße Wäscheklammer aussagt, dass Sie an dieser Stelle einen 45° Winkel gehen müssen. Eine schwarze Klammer signalisiert einen 90° Winkel. Sind Ihnen die Punkte, an denen die Hilfsperson die Spur markiert hat, zu weit voneinander entfernt, so bitten Sie diese, die Abstände beim nächsten Mal kleiner zu wählen.

› Vielen Hundehaltern fällt es schwer, sich auf den Hund, die Leine und die vorgegebene Fährte gleichzeitig zu konzentrieren. Für diesen Fall eignen sich Trockenübungen ohne den Hund. Bitten Sie die Hilfsperson, eine Fährte zu legen und gehen Sie diese anschließend ohne Hund ab. Auf einem Notizblatt vermerken Sie, an welcher Stelle Sie Schwierigkeiten hatten. Besprechen Sie die Knackpunkte, um für die nächste Runde gewappnet zu sein.

› Sie können auch einfach das Kartenlesen und den Umgang mit dem Kompass üben (→ Seite 27).

Die **halbfett** gesetzten Seitenzahlen
verweisen auf Abbildungen,
U = Umschlag, UK = Umschlagklappe

Die Inhalte dieses Buches beziehen sich auf die Bestimmungen des deutschen Tier- bzw. Artenschutzes. In anderen Ländern können die Angaben abweichen sein. Erkundigen Sie sich daher im Zweifelsfall bei Ihrem Zoohändler oder bei der entsprechenden Behörde.

Adressen

> Fédération Cynologique Internationale (FCI), Place Albert 1er, 13, B-6530 Thuin, www.fci.be
> Verband für das Deutsche Hundewesen e. V. (VDH), Westfalendamm 174, 44141 Dortmund, www.vdh.de
> Österreichischer Kynologenverband (ÖKV), Siegfried Marcus-Straße 7, A-2362 Biedermannsdorf, www.oekv.at

---

Wichtiger **Hinweis**

> Versicherung Auch gut erzogene und sorgfältig beaufsichtigte Hunde können Schäden an fremdem Eigentum anrichten oder gar Unfälle verursachen. Der Abschluss einer Hundehaftpflichtversicherung ist in jedem Fall dringend zu empfehlen.

> Erziehung Die vorgestellten Ratschläge und Tipps beziehen sich auf normal entwickelte Hunde aus guter Zucht, also auf gesunde, charakterlich einwandfreie Tiere. Treten Probleme auf, sollten Sie sich von einem erfahrenen Hundetrainer helfen lassen.

> Schweizerische Kynologische Gesellschaft (KSKG/SCS), Postfach 8276, DH-3001 Bern, www.skg.ch
> Deutscher Tierschutzbund e. V., Baumschulallee 15, 53115 Bonn, www.tierschutzbund.de
> mTa – mit Tieren arbeiten Schulungszentrum für Verhaltensberater und Hundetrainer, Huntlosen, Bahnhofstraße 76, 26197 Großenkneten, www.joerg-ziemer.de

Hunde im Internet

Infos zu Fährten- und Spurensuche
> www.mantrailing.de
Infos zur Mantrailing-Ausbildung mit zahlreichen Tipps
> www.naturhund.de
Infos zu einem Hundehaltertraining
> www.hundezeitung.de

Fragen zur Haltung beantworten

Ihr Zoofachhändler und der Zentralverband Zoologischer Fachbetriebe Deutschlands e. V. (ZZF), Tel.: 0611/44 75 53 32 (nur telefonische Auskunft möglich: Mo 12–16 Uhr, Do 8–12 Uhr), www.zzf.de

Haftpflichtversicherung

Fast alle Versicherungen bieten auch Haftpflichtversicherungen für Hunde an.

Registrierung von Hunden

> TASSO e. V., Abt. Haustierzentralregister, 65784 Hattersheim am Main, Tel.: 06190/97 73 00, www.tasso.net

> Internationale Zentrale Tierregistrierung (IFTA), Nördliche Ringstraße 10, 91126 Schwabach, Tel.: 0 08 00/43 82 00 00 (kostenlos), www.tierregistrierung.de

Bücher

> Bloch, G.: Der Wolf im Hundepelz. Franckh-Kosmos, Stuttgart
> Falke, K.: Hund und Kind – beste Freunde. Gräfe und Unzer Verlag, München
> Feddersen-Petersen, D.: Hundepsychologie: Sozialverhalten und Wesen. Emotionen und Individualität. Franckh-Kosmos, Stuttgart
> Piturru, P.: Lassie, Rex & Co klären auf: Wege zur erfolgreichen Hundeerziehung und Verhaltenstherapie. Kynos Verlag, Nerdlen
> Schlegl-Kofler, K.: Hundesprache. Gräfe und Unzer Verlag, München
> Schneider, D.: Fährtentraining für Hunde. Schritt für Schritt auf der richtigen Spur. Fährten-Spaß für alle Hunde. Franckh-Kosmos, Stuttgart
> Trumler, E.: Mit dem Hund auf du. Piper Verlag, München

Zeitschriften

> Der Hund. Deutscher Bauernverlag, Berlin, www.derhund.de
> Dogs. Gruner+Jahr, Hamburg, www.dogs-magazin.de
> Dogs today. Gong Verlag, Ismaning, www.dogstoday.de
> Partner Hund. Gong Verlag, Ismaning, www.partner-hund.de

Freude am Tier

Die neuen Tierratgeber – da steckt mehr drin

ISBN 978-3-8338-1713-7
64 Seiten

ISBN 978-3-8338-0523-3
64 Seiten

ISBN 978-3-8338-1688-8
64 Seiten

ISBN 978-3-8338-1195-1
64 Seiten

ISBN 978-3-7742-1604-4
64 Seiten

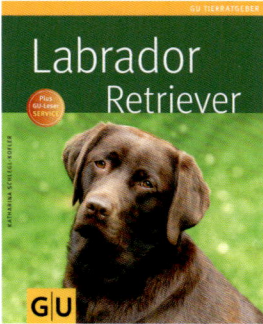

ISBN 978-3-8338-1877-6
64 Seiten

Das macht sie so besonders:

Praxiswissen kompakt – vermittelt von GU-Tierexperten

Praktische Klappen – alle Infos auf einen Blick

Die 10 GU-Erfolgstipps – so fühlt sich Ihr Tier wohl

Willkommen im Leben.

DAS ORIGINAL · MIT GARANTIE

Unsere Garantie

Alle Informationen in diesem Ratgeber sind sorgfältig und gewissenhaft geprüft. Sollte dennoch einmal ein Fehler enthalten sein, schicken Sie uns das Buch mit dem entsprechenden Hinweis an unseren Leserservice zurück. Wir tauschen Ihnen den GU-Ratgeber gegen einen anderen zum gleichen oder ähnlichen Thema um.

Liebe Leserin und lieber Leser,

wir freuen uns, dass Sie sich für ein GU-Buch entschieden haben. Mit Ihrem Kauf setzen Sie auf die Qualität, Kompetenz und Aktualität unserer Ratgeber. Dafür sagen wir Danke! Wir wollen als führender Ratgeberverlag noch besser werden. Daher ist uns Ihre Meinung wichtig. Bitte senden Sie uns Ihre Anregungen, Ihre Kritik oder Ihr Lob zu unseren Büchern. Haben Sie Fragen oder benötigen Sie weiteren Rat zum Thema? Wir freuen uns auf Ihre Nachricht!

Wir sind für Sie da!
Montag – Donnerstag: 8.00 – 18.00 Uhr; Freitag: 8.00 – 16.00 Uhr *(0,14 €/Min. aus dem dt. Festnetz/Mobilfunkpreise
Tel.: 0180-5 00 50 54*
Fax: 0180-5 01 20 54* maximal 0,42 €/Min.)
E-Mail:
leserservice@graefe-und-unzer.de

P.S.: Wollen Sie noch mehr Aktuelles von GU wissen, dann abonnieren Sie doch unseren kostenlosen GU-Online-Newsletter und/oder unsere kostenlosen Kundenmagazine.

GRÄFE UND UNZER VERLAG
Leserservice
Postfach 86 03 13
81630 München

Projektleitung: Alexandra Stronski
Lektorat: Christa Klus-Neufanger
Bildredaktion: Waltraud Flöter
Umschlaggestaltung und Layout: independent Medien-Design, Horst Moser, München
Herstellung: Claudia Labahn
Satz: Uhl + Massopust, Aalen
Reproduktion: Longo AG, Bozen
Druck: Firmengruppe APPL, aprinta druck, Wemding
Bindung: Firmengruppe APPL, sellier druck, Freising

Printed in Germany

ISBN 978-3-8338-1932-2

1. Auflage 2010

Die Autorin

Kristina Falke – ausgebildete Hundetrainerin und Hundeverhaltensberaterin – beschäftigt sich seit ihrer Kindheit mit den Vierbeinern. In ihrer Hundeschule bietet sie Erziehungskurse, Problemhundetherapie & Beschäftigungsseminare an. Dazu zählt auch die Nasen- und Schnüffelarbeit. Die Autorin schreibt regelmäßig für Fachzeitschriften.

Die Fotografin

Angela Kraft ist seit frühester Jugend von Tieren fasziniert und hat sich auf Tierfotografie spezialisiert. www.kraft-foto.de.
Die Fotos in diesem Buch stammen von Angela Kraft, mit Ausnahme von:
Oliver Giel: 1, 2, 4, 10, 11-1, 11-2, 24, 28, 29, 30, 31, 54, U5;
Christiane Herl: 16/17 (Kreise), 19-1, 19-2, 19-3, 22, 23-1, 23-2, 26, 37, 40, 44, 45, 46, 51, 52, 53, 58, 59, U8-1, U8-3;
Juniors: 2, 13, 35, 36.

Syndication:
www.jalag-syndication.de

GRÄFE UND UNZER
Ein Unternehmen der
GANSKE VERLAGSGRUPPE